古树名木
保护与管理

廖正平　主编

中国林业出版社
·北京·

图书在版编目（CIP）数据

古树名木保护与管理 / 廖正平主编. -- 北京：中国林业出版社, 2023.7（2023.12重印）
ISBN 978-7-5219-2268-4

Ⅰ. ①古… Ⅱ. ①廖… Ⅲ. ①树木－植物保护－管理－研究－中国 Ⅳ. ①S76

中国国家版本馆CIP数据核字(2023)第133371号

策划编辑：何　蕊
责任编辑：何　蕊　李　静
封面设计：北京鑫恒艺文化传播有限公司

出版发行：中国林业出版社
　　　　　（100009，北京市西城区刘海胡同7号，电话010-83143580）
电子邮箱：cfphzbs@163.com
网址：www.forestry.gov.cn/lycb.html
印刷：北京博海升彩色印刷有限公司
版次：2023年7月第1版
印次：2023年12月第2次印刷
开本：787mm×1092mm 1/16
印张：19
字数：230千字
定价：158.00元

《古树名木保护与管理》
编写人员

主　编　廖正平

副主编　陈　艳　曾赞青　谢治国　富世文

参　编　赵　斐　高娅妮　李衡钧　梁超琼　任俊澎
　　　　柳隽瑶　赵宝鑫　李九伟　王　薇　司国臣
　　　　陈　勇　吴乐然　吴普侠　何伟南　刘小红
　　　　孔　飞　孔天雨　曾鲸津

　　古树名木是绿色珍宝，是不可再生的珍贵遗产，是物种个体或群落与环境长期抗争的优胜者，是适者生存的完美体现，是森林资源的精华和瑰宝，孕育了自然绝美的生态奇观，记录了大自然的历史变迁，承载了广大人民群众的乡愁情思，记载着民族悠久的历史和灿烂的文化。古树名木是国家的宝贵财富，是研究历史文化、水文地质、物种起源、植被演替、生态气候等诸多学科领域的"活化石""活文物"，具有十分重要的历史、文化、科学、经济和生态价值。

　　我国幅员辽阔，气候多样。自北向南，包括寒温带、温带、暖温带、亚热带和热带；自东向西，有海洋性湿润森林地带、大陆性干旱半荒漠和荒漠地带，以及介于两者之间的半湿润和半干旱森林草原和草原过渡地带。由于南北跨纬度约50°，东西跨经度约63°，以及距离海洋远近不同，加之不同走向的高原和大山等的影响，形成了我国得天独厚的自然条件，从而使各种不同生态需求的古树都能各得其所，繁衍生息，也正是这些优越的自然条件，加上悠久的历史、丰富的文化，让我国拥有十分丰富的古树名木资源。据全国第二次古树名木资源普查结果显示，全国普查范围内的古树名木共计508.19万株，包括散生古树名木122.13万株（其中古树121.49万株，名木5235株，古树且名木1186株），群状古树386.06万株，分布在18585处古树群中。

党的十八大以来，习近平总书记高度重视国土绿化和古树名木保护，发表一系列重要论述，作出一系列重要指示批示，为国土绿化和保护古树名木提供了根本遵循。党中央、国务院对古树名木保护工作高度重视，社会对古树名木保护空前关注，古树名木保护工作取得显著成效：第二次全国古树名木普查工作基本查清了全国古树名木资源本底情况，全国各地积极推进保护措施落实落地，古树名木保护技术标准体系初步形成，古树名木保护管理法律法规体系初步建立。

同时，在古树名木保护方面，还存在一些亟待解决的问题和不足：古树资源普查登记不够彻底，古树名木保护意识还不够强，专业技术人才缺乏，科技支撑不足，法制建设不够完善，保护措施落后且单一，养护管理不够规范，分级管理责任还需进一步落实。

为科学推进古树名木保护工作，增强科技支撑能力，陕西省林业科学院在2021年组建了古树名木保护研究创新团队，团队围绕古树名木的科学保护与高质量管理，设立10个专业研究方向，在古树年龄鉴定、健康诊断、伤病修复、救护复壮、修复材料、保护性移植、标准制定、有害生物防控以及古树资源调查、古树名木重大价值挖掘与利用、保护方案编制、档案管理等方面进行了系统研究与探索。团队在古树无创伤年龄鉴定、修复材料开发、死亡古树树干长期保存、古树损伤、抗菌防水、抗风化、防腐修复等研究方向取得了突破性进展。同时，组织专家学者编著完成了《古树名木保护与管理》一书。

本书是一部系统、全面、实用的古树保护与管理工具书。该书的编撰工作由陕西省林业局副局长、陕西省林业科学院院长昝林森主持并指导开展，陕西省林业科学院古树名木保护研究创新团队首席专家廖正平牵头组织编写，北京蓟城山水投资管理集团有限公司提供了大量的协助工作。陕西省林业局生态保护修复处在书籍内容的编排上给予了指导，北京蓟城山水投资管理集团有限公司、陕西久荣古树名木保护有限公司提供了案例数据资料，在此表示感谢。

特别感谢西北农林科技大学二级教授、国家林业和草原局古树名木保护与繁育工程技术研究中心赵忠主任在百忙之中对本书的初稿进行审核校阅，并提出指导性意见建议。

由于我们的古树名木保护研究工作还不够全面深入，很多方面尚处于探索研究阶段，书中的不妥或不足之处，恳请广大专家、学者和读者批评指正。

作者

2023年6月

目
录

第 1 章

古树名木
资源概况

古树名木是在人类历史进程中保存下来的年代久远或具有重要科研、历史、文化价值的树木。根据《全国古树名木普查建档技术规定》，古树指树龄在100年以上的树木；名木指在历史上或社会上有重大影响的中外历代名人、领袖人物所植或者极具历史价值、文化价值、纪念意义的树木。古树名木是不可再生的稀缺资源，是自然和历史留下来的珍贵遗产。无形的风与万变的云，在岁月的流转与历史的变迁中已经了无痕迹，只有一株株苍劲的古树是始终屹立在天地之间活的文物，是国家的宝贵财富，也是弘扬与推进生态文明的重要载体。

我国幅员辽阔，地势起伏，由西北向东南倾斜，有高原、平原、丘陵、山地、盆地五种地形。大部分国土地处中纬度，南北延伸5500千米，跨纬度约50度。从南到北，全国（除青藏高原高寒区外）共有热带、亚热带、暖温带、中温带和寒温带5个温度带。中国气候类型多种多样，东半部的冬季盛行大陆季风，寒冷干燥；夏季盛行海洋季风，湿热多雨。青藏高原海拔高，面积大，形成独特的高寒气候。西北地区则因地处内陆，为海洋季风势力所不及，是内陆干旱气候。辽阔的地域、多变的地形、复杂的气候造就了复杂多样的森林植被，也使得各种不同生态需求的古树都能各得其所，生长繁育。中华文明源远流长，博大精深，5000年的华夏历史创造了数不胜数的灿烂文化。全国名山大川纵横，古迹文物众多。优越的自然条件加上悠久的历史、丰富的文化，让我国拥有相当丰富的古树名木资源。

为了基本查清我国古树名木资源本底情况，建立全国古树名木信息管理系统，掌握古树名木资源保护现状及存在问题，总结推广古树名木保护管理经验，2015—2021年，全国绿化委员会在全国31个省（自治区、直辖市）和新疆生产建设兵团（不包括自然保护区和东北、内蒙古、西南、西北国有林区以及台湾地区和香港、澳门特别行政区）范围内组织开展了第二次古树名木资源普查。本次普查对散生古树名木进行了每木调查，对其树种、树龄、分布、权属、生长势、保护级别及相关历史文化信息做了详细登记；对群状古树一般只统计了古树数量。普查结果显示，全国普查范围内的古树名木共计508.19万株，包括散生122.13万株（其中古树121.49万株，名木5235株，古树且名木1186株），群状古树386.06万株，分布在18585处古树群中。散生古树名木较多的是湖南、江西、浙江、贵州、广西五省（自治区），合计67.24万株，占全国散生古树名木的55.06%。群状古树较多的是云南、陕西、河南、河北、山东五省，合计289.99万株，占全国群状古树的75.12%。各省（自治区、直辖市）古树名木数量见表1-1。

古树根据年龄鉴定结果确定保护等级，树龄达到500年以上的树木定为一级古树，树龄在300~499年的树木定为二级古树，树龄在100~299年的树木定为三级古树。名木不受年龄限制不分级。全国散生古树的年龄主要集中在100~299年，500年以上的古树较少。其中：100~299年的古树（即三级古树）共98.75万株，占81.21%；300~499年的

表 1-1

各省（自治区、直辖市）古树名木数量　　　　　　　　　　　　　单位：株

分级	省个数	古树名木数量			
100万以上	1	云南1038015			
100万~50万	3	陕西727089	河南531767	河北506404	
50万~10万	9	浙江274929　江西201502　福建102020	山东247176　贵州127989	湖南239143　广西116178	内蒙古230711　山西102327
5万~10万	4	甘肃95601	湖北81236	广东80398	四川70241
5万以下	15	北京41865　新疆30787　宁夏21070　上海1657	西藏38590　吉林26592　海南19008　青海564	安徽35154　重庆25753　天津4639　新疆生产建设兵团79	辽宁33652　江苏25422　黑龙江4322

古树（即二级古树）共16.03万株，占13.18%；500年以上的古树（即一级古树）共计6.82万株，占5.61%。一级古树中，500～999年的古树共5.74万株，1000～1499年的古树共0.89万株，1500～1999年的古树共0.13万株，2000～4999年的古树共587株；5000年以上的古树共5株。5株5000年以上的古树全部分布在陕西，分别为渭南市白水县的"仓颉手植柏"，延安市黄陵县的"黄帝手植柏""保生柏""老君柏"，商洛市洛南县的"洛南古柏"。

全国散生古树名木中，数量最多的10个树种分别是樟树7.08万株，占5.80%；柏木7.08万株，占5.79%；香榧6.70万株，占5.48%；枫香4.24万株，占3.47%；银杏4.03万株，占3.30%；侧柏3.88万株，占3.18%；黄连木2.82万株，占2.31%；马尾松2.72万株，占2.22%；荔枝2.44万株，占2.00%；国槐2.41万株，占1.98%。

古树名木大多分布于乡村。普查结果显示，全国散生古树名木中分布于城区的共计11.84万株，仅占总量的9.69%。河南、重庆、四川、广东、湖南五省城区散生古树名木较多，五省合计7.47万株，占全国城区散生古树名木的63.10%；分布于乡村的散生古树名木共计110.29万株，占总量的90.31%。湖南、江西、浙江、贵州、广西5个省份散生乡村古树名木较多，合计65.37万株，占全国散生乡村古树名木的59.27%。

古树名木按权属分为国有、集体、个人和其他。此次普查结果显示，散生国有古树名木共计18.23万株，占14.93%。散生集体古树名木90.97万株，占74.49%。散生个人古树名木12.41万株，占10.16%；其他古树名木0.52万株，占0.42%。四川、湖南、吉林、江西、河南等5个省散生国有古树名木较多，合计11.30万株，占全国散生国有古树名木的61.99%。湖南、江西、浙江、贵州、广西5个省份散生集体古树名木较多，合计57.09万株，占全国散生集体古树名木的62.76%；广西、湖南、贵州、湖北、河南5个省份散生个人古树名木较多，合计6.92万株，占全国散生个人古树名木的55.73%；重庆、贵州、山西、山东、四川5个省份散生其他权属古树名木较多，合计0.40万株，占全国散生其他权属古树名木的77.64%。

古树名木按生长环境情况分为良好、中等、差和极差。普查结果显示，生长环境良好的古树名木共计96.97万株，生长环境中等的古树名木18.04万株，生长环境差的古树名木6.85万株，生长环境极差的古树名木0.26万株。绝大多数古树名木生长环境在中等以上，生长环境差和极差的占总量的5.9%。

古树名木按其生长势分为正常、衰弱、濒危和死亡。普查结果显示，生长势正常的古树共计103.74万株，生长势衰弱的15.77万株，濒危的2.63万株。生长势衰弱和濒危的占全国散生古树名木的15.1%。

古树名木保存了弥足珍贵的物种资源，记录了大自然的历史变迁，传承了人类发展的历史文化，孕育了自然绝美的生态奇观，承载了广大人民群众的乡愁情思。加强古树名木保护，对于保护自然与社会发展历史，弘扬生态文化，推进生态文明和美丽中国建设具有十分重要的意义。本次资源普查，基本查清了全国古树名木资源本底状况，建立了古树名木资源管理档案和数据库，为进一步加强古树名木的保护和管理，推进古树名木挂牌保护，实施古树名木抢救复壮，加快推进古树名木保护法制建设，开展古树名木保护专题宣传，切实保护好中华大地上的古树名木资源打下坚实的基础。

第 2 章

古树名木
的重大价值

"古木穹枝云里欢，浓荫蔽日隐童年"，"孔玥庙前有老柏，柯如青铜根如石"，古树名木见证了千百年来的自然变迁和社会发展，记载着民族悠久的历史和灿烂的文化，传递着世界的风云变幻和人间的沧海桑田。它们是国家的宝贵财富，是森林资源中的瑰宝，更是具有生命力的活文物、活化石，具有重要的科研、文化、历史等重大价值，值得人们去保护、挖掘。

2.1　生态价值

2.1.1　古树名木是生态系统的稳定器

古树名木是生态建设的重要资源，在改善和维护生态方面作用尤为巨大。古树名木的一生是与周围环境不断抗争、不断适应的一生，是生物界适者生存的完美体现。它们拥有优秀的基因，千百年来巍然屹立，与环境完美地契合，形成了一个以古树为中心的稳定的生态系统。一棵古树名木遮阴面积从几十平方米到几百平方米不等，这些古树早已和生活在同一生物圈的气候、土壤、动植物以及微生物等形成一个相对稳定平衡的微型生态系统，它们之间相互依存、相互影响。一棵古树名木的死亡，意味着自身价值的消亡和区域生态系统平衡的解体，更意味着其存在的生态环境价值的消灭。

2.1.2　古树名木是森林资源的精华、群落生产力的骨干

森林生态系统是陆地生态系统的主体，在调节全球碳平衡、减缓大气中二氧化碳等温室气体浓度上升，以及维护全球气候等方面具有重要作用。森林净初级生产力（NPP）是植物光合作用固定有机物质的净积累，反映了森林碳汇功能强度，是理解森林生态系统碳循环过程的关键参数。古树名木作为森林资源的精华，因其高大的树体，宽阔

的冠幅，巨大的叶面积，从而成为群落生产力的骨干，具有明显的改善环境的作用。据普查结果显示，我国普查范围内现有古树名木508.19万株，其中散生在广大城乡的有122.13万株，以古树群形式分布的有386.06万株。因此，需要通过不断探索古树名木保护技术，提高古树群落生产力，进而充分发挥古树名木的生态价值。

2.1.3　古树名木是优质高效的森林"碳库"

森林对国家生态安全具有基础性、战略性作用，是水库、钱库、粮库，也是"碳库"，具有极大的碳汇功能。森林生态系统碳收支（或碳循环）是指森林生态系统与外界二氧化碳的交换过程，主要包括从外界吸收碳的过程（植物光合作用，即收入），以及向外界释放碳的过程（生态系统呼吸，即支出）。森林生态系统碳收支状况决定着大气二氧化碳浓度上升的强度。作为陆地生态系统的主体，森林在区域和全球碳循环中起着核心作用。

据专家研究，树木每生长1立方米蓄积量，每年约吸收二氧化碳1.83吨，释放氧气1.62吨。古树名木作为重要的森林资源，在森林碳库方面同样发挥着重要的作用。悉尼大学的研究人员和哥本哈根大学的国际研究人员在澳大利亚本地的森林里进行了一项南半球史无前例的实验，他们让一片90岁"高龄"的桉树林暴露在高浓度的二氧化碳里。实验表明，成熟树木的光合作用的确如预期那样增加了，它们从大气中多吸收了12%的二氧化碳。因此，提高古树名木的保护研究技术至关重要。

2.1.4　古树名木是天然的庞大"消音器"

当前人们对防治大气污染有一个明显的误区，认为现代环境科技是解决大气污染问题的根本途径，而忽视了天然树种的滞尘和吸附功能。城市空气中的主要污染物为悬浮颗粒、二氧化硫、二氧化氮等有害物质，而榆树、银杏、刺槐等树种恰好能吸附二氧化硫、二氧化氮等有害气体。此外，松树、樟树的树叶还可分泌杀菌素，可以杀死空气中的细菌、害虫及病原菌。

植物的树干和枝叶是天然的降音利器，古树由于枝繁叶茂更是强有力的消声器。声波由空气介质透射到树叶上，造成树叶的微颤，使声音减弱。树木的枝叶表面有许多气孔和粗糙的绒毛，可以吸收大量的声波。古树由于上百年的生长，其枝叶错综复杂，当声波进入后，会经过枝叶的多次吸收，将声波逐渐减弱。有科学实验证明，10米宽的林带能使噪声减弱30%，20米宽的林带可以使噪声减弱40%。

2.2 文化价值

2.2.1 古树名木是悠久历史和华夏文明的重要载体

凡古树名木都有百年以上的树龄，能在如此长的时间内保持生命，大都有其独特之处，或得益于社稷、风水、宗教信仰等。简单地说，大多古树的存活皆得益于树木崇拜。

中国崇拜古树的习俗由来已久。上古之世，人类"构木为巢""钻燧改火"，森林给人类安全和神秘感，古人对树木顶礼膜拜敬畏有加的初始崇拜自此开始。《路史》一书记载，人们对古老柏树极其崇敬，尊为"柏王"。《礼记·祭法》又载："山林、川谷、丘陵，能出云为风雨，见怪物，皆曰神。有天下者，祭百神。"于是便有神木、怪木等出现在华夏大地上，继而产生了所谓的"社木"。《汉书·郊祀志》记述了高祖"祷丰枌榆社"。枌榆成为西汉的社木，成为汉代人精神之所系。有时还把社木植于宗庙、陵寝，以示永敬。陕西黄帝陵前有株汉柏也就是在这样的文化传统下得以长存的。树木崇拜是古树名木价值构成的文化渊源，具有社稷、树神、佛教、风水、图腾崇拜等多种文化内涵。虽然现存古籍中没有系统的表述，但在诗歌集《诗经》、介绍植物的著作《花镜》《长物志》、造园理论专著《园冶》等古籍中的记载描述都能反映出古树名木的重要文化价值。

2.2.2 古树名木是文人墨客创作的重要主题

古树名木作为历代文人墨客创作的重要主题，在文化艺术发展史上亦有其独特的作用。

"扬州八怪"中的李鱓曾绘名画《五大夫松》，是泰山名木的艺

北京天坛九龙柏
/摄影　曾赞青/

术再现。这类为古树名木而作的诗画数量极多，是我国文化艺术宝库中的珍品。北京天坛回音壁外西北侧有一棵"世界奇柏"，它的奇特之处在粗壮的躯干上，其突出的干纹从上往下扭结纠缠，好像数条巨龙绞身盘绕，所以得名"九龙柏"。这种奇特优美的古柏，在全世界仅此一棵，尤为珍贵。同时，文人志士还常以树木写情言志寄托情思，使树木成为特定的人文符号，从而使后人在看到树木的同时就可以联想到一定的人文内容，达到睹物生情、情景交融、意蕴无穷的效果。如"梅令人高，兰令人幽，菊令人野，莲令人淡，春海棠令人艳，牡丹令人豪，蕉与竹令人韵，秋海棠令人媚，松令人逸，桐令人清，柳令人感"，均是借植物写情言志的例证。人们赋予古树名木以某种特有的品格，使这些阅世数千载的古树名木融入了深刻的文化内涵，引起阅读者丰富的联想和内心的共鸣。

2.3 景观价值

2.3.1 古树名木是历代陵园、名胜古迹的佳景之一

古树名木是历代陵园、名胜古迹的佳景之一，它们庄重自然、苍劲古雅、姿态奇特，把祖国的山川、湖海装点得庄严娇丽，使中外游客叹为观止、流连忘返。如黄陵县城轩辕庙西前院的保生柏，树高15.50米，平均冠幅12.1米，树冠南偏，生长旺盛，因其位于保生宫旧址而得名，是明代保生宫火毁后的唯一"幸存者"和"见证者"。渭南市白水县仓颉墓冢的仓颉手植柏，至今枝繁叶茂，相传为象形文字的创造者仓颉亲手栽植。此外，还有河南嵩山嵩阳书院的古柏，相传栽植于周代，至今苍翠矫健，为世间罕有；陕西汉中洋县蔡伦墓古柏树，枝叶繁茂，树势挺拔健壮，是人们为纪念中国古代造纸术的发明

家蔡伦而栽植的树木。

2.3.2　古树名木是名山大川、旅游胜地的绝妙佳景

古树名木作为名胜古迹不可或缺的有机组成部分，或苍劲挺拔、枝叶繁茂，或枯木逢春、历尽沧桑，镶嵌在名山峻岭之中，与山川融为一体；或古朴虬曲、姿态奇异，作为景观主体独成一景，吸引中外游客前往游览观赏；或伴山石、傍古迹成为该景的重要组成部分，使人观赏山石、建筑之余感受自然风貌，流连忘返。如生长在西岳华山东峰饭店西门外的油松，树龄约360年，高大参天，树干斑驳，沟壑纵横，让人观之不由赞叹生命力的顽强、历史的沧桑，使人油然而生奋发向上之感。山东泰山的"卧龙松"，安徽黄山的"迎客松"，北京

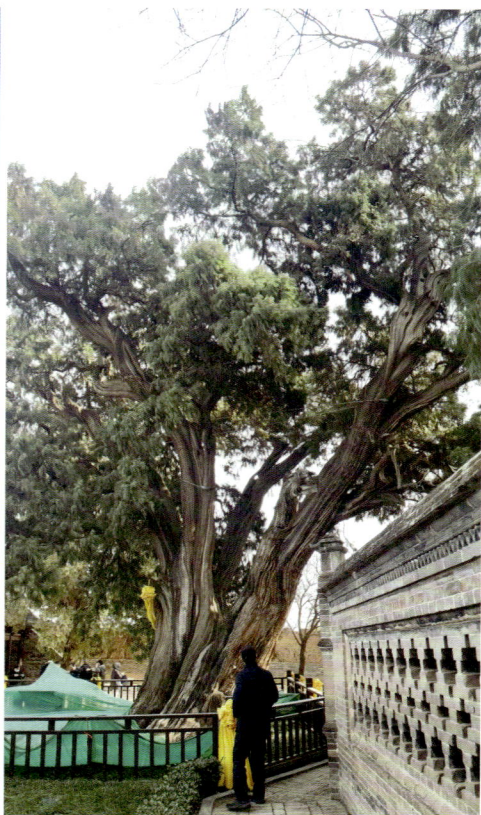

延安市黄陵县保生柏/摄影　廖正平/　　渭南市白水县仓颉手植柏/摄影　廖正平/

天坛公园的"九龙柏"等都具有无可比拟的独特观赏价值。

2.4 历史价值

2.4.1 古树名木是当地历史文明的重要标志

古树名木具有深刻的历史价值，是珍贵的活文物。它们历经沧桑，在自然界的严酷竞争中胜出，代表着区域植物最具典型意义的种类，展示了气候、水文、地理、植被、生态等自然环境因子的变迁，是真实历史信息的记录和传递者。它们多散生于景区、庙宇、祠堂内外、村寨附近，与宗教、民俗文化融为一体，蕴藏着丰富的政治、历史资源。

我国传说中的轩辕柏、周柏、秦柏、汉槐、隋梅、唐杏（银杏）、唐樟等古树，虽然其树龄需进一步考察核实，但均可以作为历史的见证。北京颐和园东宫门内的两排古柏，曾在八国联军火烧颐和园时被烤伤树皮，至今仍未痊愈闭合。

甘棠最早出现在《史记·燕召公世家》，记载了宝鸡岐山县西南4公里处的召公亭（刘家塬村）召公祠旁生长着一棵棠梨树，召伯南巡至此，在树下停车驻马、听讼决狱、搭棚过夜，这种爱民行为深受人们爱戴。据《唐国史补》记载，此树唐时仍在；清道光二十五年，依旧有文献记载。道光二十七年，邑人武澄为其刻《召伯甘棠图碑》，此图碑现存于周公庙召公殿前。宣统二年七月十二日，甘棠古树被风吹倒，民国二十五年七月二十五日再遭狂风袭击，干断而亡。现所见之甘棠为原树根部萌出而成，新树树龄已有72年。

2.4.2 古树名木是考证地域典籍的活文物记录

历史上的古地名，许多是因树得名。河南许昌长葛古社柏，当地人俗称汉柏，其实真实树龄已达2310年，相传植于战国时代，是许昌古树名木中年龄最长的"老寿星"。古社柏所在地相传是古社稷坛旧址。《汉书》记载，因社柏暴长，得名"长社"。长葛旧称"长社"便源名于此。

古代典籍文献中涉及的树木古名、植物古名很多，有些已很难与当今之植物名对应。甘棠是杜梨的古称，最早出现在《诗经》中，其后有关典籍中的出现，也是专指一事，即与召公有关。时至今日，"甘棠"在植物志书类中已不再出现。以至于出现历史、文化界只知甘棠，植物、林学界只知杜梨两不搭界的现象。宝鸡市岐山县凤鸣镇刘家塬（详见2.4.1）的存在，为历史、文化典籍和树木学的古树鉴别提供了条件。

2.4.3　古树名木是人口迁徙的重要见证

古树名木在千百年的历史长河中保存下来，是历史变迁的见证者，其自身承载了丰厚的历史价值。明代初期，由于连年战争和灾荒，各地人口大减，新建立的明王朝为充实地区人口，组织了以山西省洪洞县大槐树村为代表的大规模人口迁徙。经过长途迁徙定居的移民，为纪念定居创业、追忆故乡和宗族立祠而栽植树木，后人则因这类树木所具有的文化内涵而善加保护，使之保存至今。

河南省洛阳市西沟村的古槐，长在村内土坡前，又高又大，要三人才能合抱，生长600多年依然旺盛。相传，这树是明朝初年西沟村的先民从山西省洪洞县迁徙至此后，为寄托乡愁所种植。所以，人们也称它为"洪洞槐"。此外，山东省青岛市崂山区北宅街道办事处东乌衣巷社区、胶州市洋河镇房家村一株500~600年树龄的大槐树也属此类。另有一些村落是明朝中期由定居村落中的部分人家移出另行辟建的，为一姓之宗，立祠时则栽植银杏或其他树木以示纪念。山东省黄岛区王台镇双庙村的银杏树、临清市青年路办事处的酸枣树等相传也都与明朝的人口大迁徙有关。

2.5　科研价值

2.5.1　古树名木是苗木树种选择的生态样本

古树多为乡土苗木树种，对当地的气候和土壤条件有较强的适应性，是造林树种规划选择的最好依据。例如，在北京市郊区干旱瘠薄土壤上的苗木树种选择，曾经历3个不同的阶段。初期认为刺槐具有耐干旱瘠薄和幼年速生的特性，可作为这类立地栽培的适宜树种，然而很快发现它对土壤肥力反应敏感，生长衰退早，成材也难。20世纪60年代初期营造的油松林正处于速生阶段，长势良好，故认为发展油松比较合适，但到了70年代，这些油松就开始平顶，乍长衰退。与此同时，幼年阶段并不速生的侧柏和桧柏却能稳定生长，并从北京故宫、中山公园等为数最多的古侧柏和古桧柏的良好生长中得到启示，证明这两个苗木树种才是北京地区干旱立地的最适苗木树种。所以，如果在苗木树种选择时重视古树适应性的指导作用，那么苗木的树种选择就会少走许多弯路。

2.5.2　古树名木是杂交育种研究的珍贵资源

古树具有最纯正的遗传基因，是杂交育种研究的最好母本。千百年树龄的古树名木是树木的"长者"，它们是经受过历史的考验而稳定地土生土长的适生树种，生态适应性极强，表现出突出的适生性、抗逆性，保存了古老的遗传基因，是树种珍贵的种质资源、基因库，表现了遗传多样性。育种上用这些古树可繁殖无性系，发挥其寿命长、抗逆性强、形态古朴的特点。以其花粉和其他树种杂交，可能会产生生长旺盛、抗逆性强、丰产的组合，出现新的杂交类型。如南阳市林业科学研究所于1990—1995年对全市银杏种质资源进行了调查、收集、栽培、对比试验，选育出了豫宛1号、豫宛2号两个速生、丰产、果大的银杏良种。

2.5.3　古树名木是环境生态学研究的重要依据

古树名木的生长与环境污染有极其密切的关系。环境污染的程度、性质及其发生年代，都可在树体结构与组成上反映出来。分析古树年轮样品，测定年轮中的微量元素，可以研究土壤发展和环境污染变化的情况。如美国宾夕法尼亚州立大学用中子轰击古树年轮取得样品，测定年轮中的微量元素，发现汞、铁和银的含量与该地区工业发展史有关。在20世纪前10年间，年轮中铁含量明显减少，这是由于当时的炼铁高炉正被淘汰，污染减轻。

2.5.4　古树名木是气象水文学研究的标本参照

古树名木的生长与所经历生命周期中的自然条件，特别是气候条件的变化有极其密切的关系。因为树木的生长不仅取决于树种的遗传特征，还取决于当时的气候特征，这表现在树木年轮变化的宽度变化上。因此，可以通过分析出土古树及活的古树年轮所反映的信息，计算出过去几年水分和热量气象因子的变化情况，获取数千年来气候演变的规律。古树年轮的研究不仅反映了历史古气候、古地理的变化轨迹，具有重要的科学价值和意义，而且可以追溯气候变化的一些规律，从而为重建古代气候变化过程和预测未来气候变化趋势提供科学依据。

2.6 旅游价值

古树名木的年龄鉴定为古树的保护起到了指导性作用，同时为旅游的发展提供了真实数据。作为文化遗产、自然遗产的名木古树，其价值远远超越时间长度、空间广度和意识形态程度的局限，尤其在旅游业快速发展的今天，历史悠久的古树一直是人们膜拜、向往的地方，是海外游子寻根问祖的归属之地，是人们寄托美好未来和庇佑的源泉。

2.6.1 古树名木具有传承历史的旅游价值

古树名木的旅游价值是其他旅游景观、人造景观所无法比拟的。它沉淀了时间、历史、事件和气候环境多种因素的精华，融为自身的优秀品质，无论是从本身遗传原因，还是自身对不良环境的抵抗能力来说，都体现了当地民俗风貌和民族精神。古树名木结合了历史和文化的优势，创造出自身独特的自然景观、文化景观，是历史留下的珍稀"活化石"，具有强烈的园林景观美景力和强烈震撼力，吸引无数游客的膜拜。

2.6.2 古树名木具有归属感的旅游价值

古树名木与古树相关的历史遗存、古树地区的历史事件和名木周围的历史名人关系密切。古树与旅游业的有机结合，能充分挖掘古树名木优势资源，增强相关人士的沟通和交流，有利于全世界、全社会情感连接。经常会听到这样一句话："你是哪里人？我来自山西洪洞的大槐树。"因此，古树名木在海内外炎黄子孙中都有较大的影响力，能使人具有强烈的归属感。以山西省洪洞县的大槐树村为例，每年都有上万人前去寻根问祖，并且每年都要举办寻根问祖大型活动，激发着全世界华人对中华民族的眷恋之情。同时，强有力地推动了当地旅游业的大力发展。古树名木旅游资源的开发，可以成为维系海内外华人的纽带，进而增强中华民族向心力、凝聚力。

2.6.3 古树名木具有生态美的旅游价值

古树名木的生长姿态、季节色彩的表现、不同季节的色彩变化不断吸引游客的到来，使人感到赏心悦目。古树群落的树木姿态随季节、气候变化万千，是不可多得的旅游资源，推动了旅游业的发展。同时，古树名木苍翠葱郁，枝干茂盛，尤其是古树群，古树群中富集了负氧离子，使空气清新，令游客心旷神怡，是现代人类养生之地。要充分利用古树名木旅游资源大力发展旅游业，促进我国社会经济发展，调节地方产业结构，增加全社会人员的就业机会，有效减轻国家、社会负担，把无形景观、自然资产转化成为有形经济、社会资产。一方面，大力发展古树名木为主题的旅游业，有利于加强对古树名木资源的保护、利用和开发，使古树名木保护得到良性循环；另一方面，古树名木旅游开发对提高城市的知名度、振兴经济、推动城市全方位的建设，具有巨大的激励作用。

2.7 经济价值

2.7.1 直接经济价值

古树名木枝繁叶茂，通常可产生大量的叶、花、果实或种子，将这些进行合理开发利用，可以开发为文创旅游纪念品，或作为其他行业生产的原材料。例如：古菩提的树叶可以加工成书签，从而实现自身效能的新增或转化；古樟（也称香樟）作为重要的经济植物和园林植物，其果实可用于育苗、工业或医药。因此，要充分利用古树名木资源，大力发展旅游业，促进社会经济发展，调节地方产业结构，增加全社会人员的就业机会，把无形景观、自然资产转化成为有形经济、社会资产。

2.7.2 间接经济价值

古树名木的经济价值主要集中于其产生的生态经济价值。印度加尔各答农业大学德斯教授发现树龄大的树其生态经济价值是同体积诸多幼树价值的数倍，甚至数十倍。他运用经济学方法对一棵树的生态贡献值进行了计算，得出：一棵50年树龄的树，以累计计算，产生氧气的价值约31200美元，吸收有毒气体、防止大气污染的价值约62500美元，增加土壤肥力的价值约31200美元，涵养水源的价值37500美元，为鸟类及其他动物提供繁衍场所的价值31250美元，产生蛋白质的价值2500美元，除去花、果实、木材价值，总计创值约196000美元。

不但古树本身具有重大的生态经济价值，以古树为核心所构建的植物群落也可以创造更大的价值。当今世界，各国都力主通过节能减排和减少森林砍伐来应对全球气候变暖，保护原始森林生态系统已经成为学界共识。彼得斯对南美热带原始森林的非木材林产品的经济价值进行过测算，发现其收入是砍伐森林所获利润的6倍以上。巴利克在美洲大陆中部的研究则表明，与30年历史的森林相比，50年历史的森林中药用植物的经济价值约为前者的5倍。中国各地也都有大量利用林下资源的传统，如松茸、羊肚菌、鸡枞等野生菌已成为经济价值极高的珍馐，而越是古树成荫的林间，这些林下品种越丰富。还有学者研究发现，古树茶园的碳汇储量几乎是台地茶园碳汇总量的2倍，若在碳汇市场上交易亦是笔巨大的财富。由此可见，上百乃，甚至上千年的古树名木带来的间接经济价值不可估量。

2.8 | 开发价值

古树名木有的古老苍劲、雄伟挺拔、铺天盖地，有的枝叶繁茂、婀娜多姿，有的古朴自然、老态龙钟。它们是历史、文化、林业领域的研究对象，是摄影、绘画、文学等艺术家的创作对象，是面向大众的历史、文化、科普宣教和访古探幽猎奇的新去处，也是文化旅游、风景名胜的新亮点。

同时，古树极大的养生保健价值亟待开发。例如：银杏被称作生物演化学史上的"活化石"。其叶、果实、种子均具有较高的药用价值。银杏叶中含有天然活性黄酮及银杏苦内酯等与人体健康有益的多种成分，具有溶解胆固醇、扩张血管的作用，对改善脑功能障碍、动脉硬化、高血压、眩晕、耳鸣、头痛、老年痴呆、记忆力减退等有明显效果。红豆杉树皮具有抗癌的奇效。古茶树叶可被制成品质独特的普洱古树茶，具的降血脂、抗动脉粥样硬化、降血糖、减肥、防辐射、耐缺氧、抗疲劳、抗衰老等丰富的保健功效。由于古茶园具有良好的自然生态系统，能有效抵御各类常见病虫害，无须喷洒杀虫剂，故而古茶成为茶叶市场中十分珍稀的植物资源。

作为自然界中的组成部分，古树名木是众多领域的重要研究开发资源。因此，要进一步加强古树名木的保护研究工作，让古树名木发挥更大的生态、经济、社会等诸多价值效益。

第 3 章

古树名木保护
法治建设

3.1 | 古树名木保护法治建设的必要性

党的二十大报告指出，中国式现代化是人与自然和谐共生的现代化。大自然是人类赖以生存和发展的基本条件，尊重自然、顺应自然、保护自然，是全面建设社会主义现代化国家的内在要求。古树名木是自然界和人类历史文化的珍贵遗产，是森林资源中的瑰宝，是有生命的文物，具有重要的生态、历史、文化、科学、景观和经济价值。古树名木保护是指对古树名木进行保护和管理，以维护其生态、文化、景观、科研等价值，保障其正常生长和发展，促进其合理利用和持续利用。古树名木保护法治建设就是通过法律手段加强对古树名木的保护和管理，有效规范古树名木的开发利用行为，促进古树名木资源的合理利用和持续利用，对加快推进我国生态文明建设和美丽中国建设有重要意义。

2015年，全国绿化委员会组织开展了为期5年的第二次全国古树名木资源普查，基本查清了全国古树名木资源本底状况，建立了古树名木资源管理档案和数据库。由于认识不到位、保护意识不强、资源底数不清、资金投入不足、保护措施不力、管理手段单一等问题的长期存在，擅自移植、盗伐盗卖等人为破坏现象在全国各地时有发生，形式十分严峻。所以，加强古树名木保护立法，健全法规制度体系，依法保护，严格执法，提升法治化、规范化管理水平刻不容缓。

3.2 | 国外古树名木保护情况

国外城市树木管理有几百年的历史，欧美一些国家更早地形成了较为完善的管理体系。1966年，美国的《国家历史保护法》（*National*

Historic Preservation Act）将国家公园组织与历史保护相结合，将树龄较大、具有重要指示意义或重大历史价值的树木称为"遗产树（heritage tree）"，将古树名木作为一种历史遗产进行保护。20世纪70年代，由美国植树节基金会发起，美国农业部林务局和美国各州林业官员协会共同组织的美国树城（Tree City USA）项目正式启动，城市古树名木的保护和管理被纳入了城市树木管理体系。欧盟的《生境指令》（*Habitats Directive*）、加拿大的《濒危物种法案》（*Species at Risk Act*）等，通过规定古树名木的定义、分类、登记、保护范围、管理措施、惩罚条款等，为古树名木的保护提供了法律依据和制度保障。

一些专门保护古树名木的组织和机构逐渐形成，如美国的古树保护协会古树论坛（Ancient Tree Forum）、英国的林地信托（Woodland Trust）、澳大利亚的古树遗产基金会（Ancient Tree Heritage Foundation）等，它们通过开展调查、评估、教育、宣传、倡导等活动，提高公众对古树名木的认识和保护意识，进而推动相关政策和法规的制定和实施。

3.3 | 我国古树名木保护法治体系建设现状

党的十八大以来，习近平总书记高度重视国土绿化和古树名木保护，发表一系列重要论述、作出一系列重要指示批示，为科学开展国土绿化和保护古树名木提供了根本遵循。宪法是我国法律体系中具有最高法律效力的法律文件，是我国的根本大法，宪法关于古树名木保护的规范是我国古树名木法律制度的根据和基础。《中华人民共和国宪法》第九条第二款规定："国家保障自然资源的合理利用，保护珍贵的动物和植物。禁止任何组织或者个人用任何手段侵占或者破坏自然资源。"该规定具有较强的指导性、原则性和政策性，一切古树名木法律规范都必须服从宪法的规定，不得以任何形式与宪法相违背。

《中华人民共和国刑法》《中华人民共和国环境保护法》《城市绿化条例》等国家级法律法规也为古树名木保护工作提供了法律遵循（表3-1）。

2015年，中共中央、国务院印发的《关于加快推进生态文明建设的意见》提出，切实保护珍稀濒危野生动植物、古树名木及自然生境。2016年，全国绿化委员会印发了《关于进一步加强古树名木保护管理的意见》，要求加强古树名木保护地方性法规、规章、制度的制定修订，进一步健全完善法律法规制度体系。2018—2020年，连续三年的中央一号文件均强调要保护古树名木。中共中央办公厅、国务院办公厅印发的《农村人居环境整治三年行动方案》提出，将古树名木保护纳入村规民约。中共中央办公厅、国务院办公厅印发的《农村人居环境整治提升五年行动方案（2021—2025年）》提出，深入实施乡村绿化美化行动，突出保护古树名木。2019年，全国人大常委会修订《中华人民共和国森林法》时，将保护古树名木列为专门条款，成为依法保护古树名木的标志性事件。2021年，中共中央办公厅、国务院办公厅印发《关于在城乡建设中加强历史文化保护传承的意见》再次强调要做好古树名木和珍贵树木的保护工作。相关文件的出台为古树名木保护工作提供了政策依据（表3-2）。

各地、各有关部门为加快推进古树名木保护管理立法工作，将实践证明行之有效的经验和好的做法及时上升为法律法规，加强古树名木保护地方性法规、规章、制度的制修订，进一步健全完善了古树名木保护的法律法规制度体系。例如，《浙江省古树名木保护办法》《广东省古树名木保护条例》《贵州省古树名木大树保护条例》《陕西省古树名木保护条例》《海南省古树名木保护管理规定》等（表3-3），均对古树名木的定义、分级保护、鉴定认定、保护措施、认养管理、迁移处置、法律责任等内容做了规定（表3-4）。同时还有一些关于乡

表3-1

国家级法律法规条文

序号	相关法律法规	制定机关	法律性质	公布日期	相应条款
1	中华人民共和国宪法	全国人民代表大会	宪法	2018-03-11	第九条第二款 国家保障自然资源的合理利用，保护珍贵的动物和植物。禁止任何组织或者个人用任何手段侵占或者破坏自然资源
2	中华人民共和国森林法	全国人民代表大会常务委员会	法律	2019-12-28	第四十条 国家保护古树名木和珍贵树木，禁止破坏古树名木和珍贵树木及其生存的自然环境
3	中华人民共和国环境保护法	全国人民代表大会常务委员会	法律	2014-04-24	第二十九条第二款 各级人民政府对具有代表性的各种类型的自然生态系统区域，……，以及人文遗迹、古树名木，应当采取措施予以保护，严禁破坏
4	最高人民法院、最高人民检察院关于适用《中华人民共和国刑法》第三百四十四条有关问题的批复	最高人民法院、最高人民检察院	司法解释	2020-03-19	明确古树名木以及列入《国家重点保护野生植物名录》的野生植物，属于刑法第三百四十四条规定的"珍贵树木或者国家重点保护的其他植物"，对于非法移栽珍贵树木或者国家重点保护的其他植物，依法应当追究刑事责任

（续表）

序号	相关法律法规	制定机关	法律性质	公布日期	相应条款
5	最高人民法院关于审理破坏森林资源刑事案件具体应用法律若干问题的解释	最高人民法院	司法解释	2000-11-22	第一条 刑法第三百四十四条规定的"珍贵树木"，包括由省级以上林业主管部门或者其他部门确定的具有重大历史纪念意义、科学研究价值久远的古树名木，国家禁止、限制出口的珍贵树木以及列入国家重点保护野生植物名录的树木。该司法解释还根据刑法的有关规定，就审理相关案件具体应用法律的若干问题进行解释
6	中华人民共和国野生植物保护条例	国务院	行政法规	2017-10-07	第十一条 野生植物行政主管部门及其他有关部门应当监视、监测环境对国家重点保护野生植物生长的影响，并采取措施，维护和改善国家重点保护野生植物和地方重点保护野生植物的生长条件。由于环境影响对国家重点保护野生植物和地方重点保护野生植物造成危害时，野生植物行政主管部门应当会同其他有关部门调查并依法处理
7	城市绿化条例	国务院	行政法规	2017-03-01	第二十四条第二款 对城市古树名木实行统一管理，分别养护。城市人民政府城市绿化行政主管部门，应当建立古树名木的档案和标志，划定保护范围，加强养护管理。在单位管辖范围或者私人庭院内的古树名木，由该单位或者居民负责养护，城市人民政府城市绿化行政主管部门负责监督和技术指导。第三款 严禁砍伐或者迁移古树名木。因特殊需要迁移古树名木，必须经城市人民政府城市绿化行政主管部门审查同意，并报县级以上级人民政府批准

表3-2

国家关于古树名木保护的相关文件

序号	标题	发文机构	内容概述
1	关于加强保护古树名木工作的决定	全国绿化委员会、国家林业局、住房和城乡建设部	古树名木保护的重要意义，提高全民对古树名木保护的意识，各级有关部门要统一领导，分工协作，加强管理
2	城市古树名木保护管理办法	中华人民共和国建设部	明确了各级行政区域古树名木保护管理工作的主管负责部门，以及古树名木的复壮，保护措施
3	关于加快推进生态文明建设的意见	中共中央、国务院	提出切实保护珍稀濒危野生动植物，古树名木及自然生境
4	关于进一步加强古树名木保护管理的意见	全国绿化委员会	加强古树名木保护的重要性和紧迫性，古树名木保护管理工作的主要任务，完成第二次全国古树名木资源普查，形成详备完整的资源档案，建立全国统一的古树名木资源数据库；建成全国古树名木信息管理系统，初步实现古树名木网络化管理等健全管理的措施
5	关于在城乡建设中加强历史文化保护传承的意见	中共中央办公厅、国务院办公厅	从构建城乡历史文化保护传承体系，加强保护利用传承，建立健全工作机制，完善保障措施等方面提出了总体要求

村振兴、风景名胜区、传统村落保护条例等方面的地方性法规也涉及古树名木保护工作（表3-5）。

表3-3
古树名木保护的地方性法规

序号	标题	制定机关	公布日期	施行日期
1	《贵州省古树名木大树保护条例》	贵州省人民代表大会常务委员会	2019-12-01	2020-02-01
2	《上海市古树名木和古树后续资源保护条例》	上海市人民代表大会常务委员会	2017-11-23	2017-12-01
3	《江西省古树名木保护条例》	江西省人民代表大会常务委员会	2018-07-27	2018-07-27
4	《安徽省古树名木保护条例》	安徽省人民代表大会常务委员会	2009-12-16	2010-03-12
5	《广西壮族自治区古树名木保护条例》	广西壮族自治区人大常务委员会	2017-03-29	2017-06-01
6	《四川省古树名木保护条例》	四川省人民代表大会常务委员会	2019-11-28	2020-01-01
7	《北京市古树名木保护管理条例》	北京市人民代表大会常务委员会	2019-07-26	2019-07-26
8	《陕西省古树名木保护条例》	陕西省人民代表大会常务委员会	2019-07-31	2019-07-31
9	《云南省古茶树保护条例》	云南省人民代表大会常务委员会	2022-11-30	2023-03-01
10	《贵州省古茶树保护条例》	贵州省人民代表大会常务委员会	2017-08-03	2017-09-01
11	《内蒙古自治区珍稀林木保护条例》	内蒙古自治区人民代表大会常务委员会	2018-12-06	2018-12-06

序号	标题	制定机关	公布日期	施行日期
12	《天津市古树名木保护管理办法》	天津市人民政府	2004-06-29	2004-07-01
13	《福建省古树名木保护管理办法》	福建省人民政府	2021-04-01	2021-06-01
14	《山东省古树名木保护办法》	山东省人民政府	2018-04-26	2018-07-01
15	《湖北省古树名木保护管理办法》	湖北省人民政府	2010-05-31	2010-08-01
16	《湖南省古树名木保护办法》	湖南省人民政府	2021-11-26	2022-03-12
17	《浙江省古树名木保护办法》	浙江省人民政府	2017-07-01	2017-10-01
18	《山西省城市古树名木和城市大树保护管理办法》	山西省人民政府办公厅	2022-07-22	2022-08-01
19	《河北省古树名木保护办法》	河北省人民政府	2014-11-27	2015-02-01
20	《新疆维吾尔自治区古树名木保护管理暂行办法》	新疆维吾尔自治区人民政府办公厅	2004-01-05	2004-01-05
21	《海南省古树名木保护管理规定》	海南省古树名木保护管理规定	2022-05-31	2022-05-31
22	《江苏省城市古树名木保护管理规定》	江苏省住房城乡建设厅	2022-09-13	2022-10-20

表3-4

古树名木保护管理办法的主要内容

序号	内容	规定
1	古树名木的定义	一般来说,古树是指树龄在100年以上的树木,名木是指具有重要历史、文化、观赏、科学价值和重要纪念意义的树木
2	认定和分级保护	各地根据古树的树龄和名木的价值,实行不同级别的保护,一般由县级以上人民政府古树名木主管部门组织鉴定和认定,并向社会公布
3	古树名木的保护范围、标志和设施	各地应当在古树名木周围设立保护标志,设置必要的保护设施,并按照规定划定保护范围,一般不小于树冠垂直投影外2米至5米。禁止损毁或擅自移动古树名木保护标志和保护设施
4	古树名木的养护人、养护技术和养护激励	各地应当按照规定确定古树名木的养护人,一般为古树名木所在地的管理单位、所有人或者受委托管理的单位。养护人应当按照养护技术规范对古树名木进行日常养护和专业养护,县级以上古树名木主管部门应当提供技术指导和服务。各地还应当建立古树名木养护激励机制,与养护人签订养护协议,明确养护责任、要求、奖惩措施等事项,并给予养护人适当费用补助
5	古树名木的迁移、救治和死亡处理	有特殊情况需要对古树名木进行迁移、救治或者砍伐的,应当制定相应的方案,落实费用,按照法律法规规定办理审批手续。认养人发现古树名木死亡的,应当及时报告县级人民政府古树名木主管部门,经核实后予以注销。已死亡的古树名木具有重要景观、文化、科研价值的,可以采取相应措施予以保留
6	古树名木的宣传教育、科学研究和社会参与	各地应当加强对古树名木保护工作的宣传教育,利用各种媒体平台和活动形式,增强全社会对古树名木的保护意识

表3-5

涉及古树名木保护的地方性政策法规

序号	标题	制定机关	发布日期	相关内容
1	《贵州省乡村振兴促进条例》	贵州省人民代表大会常务委员会	2022-10-14	第四十条第一款第一项 加强对历史文化名村、传统村落、少数民族特色村寨、具有重要保护价值的集中连片梯田，以及传统民居、古树名木、文物古迹的保护，开展保护状况监测和评估，采取措施防御和减轻火灾、洪水、山体滑坡等灾害
2	《重庆市风景名胜区条例》	重庆市人民代表大会常务委员会	2022-09-28	第二十三条 风景名胜区管理机构应当对风景名胜区内的古建筑、古园林、历史特色建筑、历史遗迹、古树名木、野生动植物资源等进行调查、登记，并组织鉴定，建立档案，采取设置标志、限制游客流量等措施加以保护
3	《山西省整沟治理促进条例》	山西省人民代表大会常务委员会	2022-12-09	第二十条 整沟治理涉及的历史文化名镇名村、传统村落、文物保护单位、古树名木等，应当依法予以保护
4	《山西省传统村落保护条例》	山西省传统村落保护条例	2021-11-25	第十三条 传统村落保护应当对选址格局、传统建筑、历史风貌及其周边环境、景观要素实施整体保护。保护传统村落各个历史时期的代表性建筑、公共空间、古树名木、遗址遗迹以及非物质文化遗产，维护文化遗产形态、内涵和村民生产生活的真实性，保持传统文化、生态环境，经济发展的延续性
5	《山东省南四湖保护条例》	山东省人民代表大会常务委员会	2021-12-03	第二十一条第二款 南四湖流域所在地各级人民政府应当加强对古村落、古民居、古建筑、古树名木和村落布局的保护，注重保持南四湖特色风貌

（续表）

序号	标题	制定机关	发布日期	相关内容
6	《天津市绿化条例》	天津市人民代表大会	2022-03-30	第四十七条 百年以上树龄的树木，稀有、珍贵树木，树型奇特罕见的树木，具有历史价值或者重要纪念意义的树木，均属古树名木，城市管理主管部门、林业行政主管部门应当按照国家和本市有关规定建立档案，设置标志，划定保护范围，明确养护管理责任，实行严格保护
7	《福建省乡村振兴促进条例》	福建省人民代表大会常务委员会	2021-10-22	第三十二条 地方各级人民政府应当巩固深化集体林权制度改革，推行林长制，大力开展造林绿化，在林分结构改造中，推动名优树种置换，推广适合本地的高碳汇树种，加强古树名木资源保护，提高森林生态效益
8	《深圳市历史风貌区和历史建筑保护办法（试行）》	深圳市规划和自然资源局	2020-02-01	第十八条 将"古树名木"列为历史风貌区的历史环境要素保护对象

第 4 章

古树名木
保护成效与规范

4.1 | 工作概况

我国幅员辽阔，历史悠久，人文、自然文化遗产丰富。百年以上树龄的古树，依法认定的稀有、珍贵、具有历史价值和重要纪念意义的名木，都是重要的自然资源，是森林资源中的瑰宝，是"活"的文物，是不可再生资源。古树名木承载着广大人民群众的乡愁情思，是反映一个地区、一座城市历史文化底蕴和生态文明程度的重要符号，是自然界和前人留下的珍贵遗产，具有重要的历史、文化、科学、生态、景观和经济价值。保护好古树名木，就是保护"绿色文物"，更是践行"绿水青山就是金山银山"理念的生动实践。加强古树名木保护对弘扬民族精神，增强人们生态和环境意识，保护物种资源，维护生物多样性和积累绿色财富，以及传承中华历史文化，推进生态文明和美丽中国建设，促进人与自然和谐共生，维护国家生态安全，具有十分重要的意义。

长期以来，党和政府对古树名木保护工作从顶层设计到法律法规建设等方面高度重视。1996年，全国绿化委员会作出《关于加强保护古树名木工作的决定》，明确要求各级绿化委员会加强对保护古树名木工作的统一领导，依法保护古树名木，落实保护管理措施。2000年中华人民共和国建设部印发了《城市古树名木保护管理办法》，2001年，全国绿化委员会、原国家林业部下发《关于开展古树名木普查建档工作的通知》，在全国范围内开展了古树名木普查、建档、挂牌等工作。自此我国古树名木保护工作真正走上规范化道路。

2015年，中共中央、国务院印发《关于加快推进生态文明建设的意见》，要求"切实保护珍稀濒危野生动植物、古树名木及自然生境"。全国绿化委员会专门下发了《关于进一步加强古树名木保护管理的意见》，要求加强古树名木保护地方性法规、规章、制度的制定修订，进一步健全完善法律法规制度体系。习近平总书记在生态文明建设讲话中指出，"保护生态环境必须依靠制度、依靠法治"。2019年，全国人大常委会修订森林法，将保护古树名木作为专门条款，这次修订成为国家依法保护古树名木的里程碑。

多年来，各地认真实施《中华人民共和国森林法》《城市绿化条例》等有关法律法规，按照全国绿化委员会、国家林业和草原局、住房和城乡建设部的部署要求，将古树名木保护作为各级绿化部门的重要职责，相继制定并出台了古树名木保护的法规、办法和技术规程，采取多种措施，加强古树名木保护管理，取得了显著成效。例如，北京、内蒙古、陕西等9个省（自治区、直辖市）颁布了古树名木保护管理条例；天津、福建、山东等7个省（自治区、直辖市）出台了古树名木保护管理办法；黑龙江、江苏、河南等4个省出台了古树名木保护规定。不少市县也发布了本地的古树名木保护法规文件，如陕西省《西安市古树名木保护条例》、浙江省《丽水市古树名木保护管理办法》、辽宁省《阜新蒙古族自治县古树名木保护管理条例》、安徽省《舒城县古树名木保护管理办法》等。目前，全国各地古树名木保护的法律法规体系正逐渐形成，不断完善，古树名木保护工作逐步走向法制化、规范化和制度化。

截至2022年，全国绿化委员会、国家林业和草原局，在全国范围开展了两轮古树名木资源普查，基本摸清了我国古树名木资源，建立了全国统一的古树名木资源数据库，形成全国古树名木保护管理"一张图"，对古树名木实行挂牌保护。各地严格落实属地管护责任制，坚决打击破坏古树名木的违法犯罪行为；针对普查中发现的长势衰弱和濒危古树名木，积极指导推动各地及时开展抢救复壮工作；开展多种形式的宣传教育活动，挖掘、讲述古树名木故事，增强全社会保护古树名木的意识和热情，在全社会形成了自觉保护古树名木的良好氛围。

4.2 | 保护成效

随着生态文明建设、乡村振兴和美丽中国建设的推进，古树名木多元价值不断显现，全社会爱护、保护古树名木的意识和热情不断高涨，人民对保护古树名木的呼声和要求越来越高。各地各级古树名木管理部门，特别是各区（县）基层部门都建立了古树名木日常管理保护工作机制，挂牌保护，普查建档，分级管理，建立古树名木信息系统，多措并举强化古树名木监管和抢救复壮保护，古树名木保护工作取得了显著成效。

4.2.1 依法依规，初步建立起古树名木保护管理法规体系

保护古树名木是深入贯彻习近平生态文明思想，践行"绿水青山就是金山银山"理念的必然要求，是保护中华民族悠久历史和文化的必然要求，是推进生态文明建设和美丽中国建设的必然要求，是弘扬生态文化、促进社会经济全面绿色转型发展的必然要求。

《中华人民共和国森林法》《中华人民共和国环境保护法》及其实施条例，以及《城市绿化条例》等为古树名木的保护管理提供了顶层的法律法规依据。

全国绿化委员会、原国家林业部、住房和城乡建设部先后出台了《关于加强保护古树名木工作的决定》《关于加强保护古树名木工作的实施方案》《城市古树名木保护管理办法》《关于进一步加强古树名木保护管理的意见》等古树名木保护管理的部门规章规定，为古树名木保护工作制定了方法步骤、路线图。

地方各级政府依据本地实际，因地制宜地制定了古树名木保护管理的地方法规、规章，为古树名木保护工作的落地实施提供了具体方

法和操作规程。截至目前，古树名木保护管理的法规体系基本形成，每个公民都有义务依法依规保护自己身边的每株古树名木。

4.2.2 科学规范，制定了一系列古树名木保护管理相关技术标准和规程规范

全国绿化委员会、原国家林业局发布了《古树名木代码与条码》（LY/T1664—2006）、《古树名木复壮技术规程》（LY/T2494—2015）、《古树名木普查技术规范》（LY/T2738—2016）、《古树名木鉴定规范》（LY/T2737—2016）等技术标准和规程规范。同时制定了《古树名木评价标准》（DB11/T632—2009）、《古树名木日常养护管理规范》（DB11/T767—2010）、《古树名木健康快速诊断技术规程》《古树名木评估鉴定标准》《古树名木养护与复壮技术规程》等技术标准。各地根据这些行业技术标准和规程规范制定了各自相应的技术细则和工作方案，为古树名木保护提供了统一的、科学的支撑，为每项具体工作提供了行动指南。

4.2.3 全方位保护，实施多种保护和复壮措施，加强古树名木保护工作

党的二十大报告指出，推动绿色发展，促进人与自然和谐共生。大自然是人类赖以生存发展的基础，尊重自然、顺应自然、保护自然，是全面建设社会主义现代化国家的内在要求。古树名木是自然界和前人留下的珍贵遗产，是重要的物种资源、景观资源和生态资源。

近年来，各地对古树名木的保护力度不断加大，明确古树名木保护管理职责，细化古树名木养护责任制，推动古树名木保护管理工作落到实处，积极开展古树名木的日常养护和抢救复壮工作。

全国绿化委员会自2019年开始，先后开展了4批古树名木抢救复壮试点，目前已经完成230株一级古树试点样树的抢救复壮工作，取得了

积极成效，在全国起到了很好的示范推动作用。

各地古树名木主管部门不断夯实责任，对行政区内的认定古树名木采取多种措施实施保护，如GPS定位、登记、建档、公布和挂牌，科学实施日常养护措施，建立古树名木信息管理平台，有些还充分发挥"林长制"制度优势，严格落实责任单位和责任人的管护责任，一树一策，一树一方案，实施精准保护。不少地方主管部门组织专业技术队伍实地踏勘，根据每株古树情况制订清腐、树洞修复、病虫害防治、支撑加固、施肥覆土、修建围栏、安装避雷装置等保护措施，让每株挂牌古树都得到了有效、妥善的保护。有的地方结合第二次全国古树名木普查工作，加大古树名木隐患排查，及时分析原因，制订复壮技术方案，采取多种措施加强养护和抢救复壮。有的地方对关注度较高的古树，邀请专家制定方案，开展专项抢救、复壮保护等工作。有的地方强化信息技术支撑，为重点古树名木安装监控设备，加强日常监管，实时在线监测，切实保护好珍贵的古树名木资源。

根据第二次全国古树名木普查情况统计，与2010年相比，生长良好的古树相比原来增加了，而衰弱濒危的古树数量明显下降，全国古树生长状况改善效果十分显著。

4.2.4 科技赋能，运用前沿技术手段支持古树名木保护工作

现代科技日新月异，随着信息技术的飞速发展，大数据、物联网、人工智能等前沿技术与人们日常生活和工作密切相关。利用新科技来助力古树名木保护，让保护工作更加科学、高效、高质量，各地不同程度上做了有益的探索，并取得了可喜的成绩。

国家林业和草原局已经建立了全国古树名木信息管理系统，将每一株挂牌保护的古树名木的位置、属性、图片等信息采集到系统中，实现对古树名木的动态监测与跟踪管理。北京、天津、辽宁、内蒙古等省（自治区、直辖市）还开发了本省的古树名木管理系统和手机应

用软件，实现与国家系统的多级联动和对接。

在古树名木标牌样式的设计上增加了二维码，与古树编号一一对应，扫描二维码，可实现与古树名木管理信息系统或者百度百科实时连接，获取每株古树名木的树木编号、树种名称、学名、科属、树龄、保护等级、认定单位、挂牌单位、挂牌时间，以及位置、养护责任人（单位）等相关信息。

使用GPS定位可极大提高古树位置精度。有的地方积极探索基于互联网、GIS技术建立起来的古树名木资源信息和系统化管理在实际中的应用。基于GIS等技术建立的古树保护数据库，包含了每个古树的位置、高度、年龄、健康状况、管理措施等信息，通过数据交换，可实现古树名木档案管理、养护管理、专家会诊、公众科普、认领认养、监督举报、发现上报等功能。通过系统、高效、开放、标准化的数据管理系统，实现古树名木资源数据存储、处理、交换和共享服务，实现对古树资源的全方位、多层次管理，为古树名木资源精准的管理、维护和保护提供科技支撑。

4.2.5　古树克隆，探索古树资源保护与利用根本途径的大胆创新

为了更好地保护古树名木，使古树名木实现可持续发展。原陕西省林业厅转变"护与养"的观念，与中国林业科学研究院合作，于2012年率先启动了古树名木扩繁保护工程，通过微型扦插、植物组培等技术，经6个批次，上千次的试验，攻克千年古树繁育难题，采用克隆技术，完整地保存母树基因。该工程成功获取了5000多年树龄的黄帝手植柏、2300年树龄的汉武帝挂甲柏等珍稀古树的克隆苗和二代苗，为黄帝手植柏建立了基因图谱、基因库和档案馆，永久保存了珍贵古树的优良基因和种质资源。

2016年，黄帝柏种子搭载天宫二号进行太空育种，建立重点古

树遗传基因保存延续新模式，部分种子入驻陕西省珍稀树种种质资源库，用于培育扩繁和科学研究。截至2020年，已培育出太空种子苗163株，平均株高140厘米。2018年扩繁5年树龄的3株黄帝手植柏，3株汉武帝挂甲柏扩繁苗在第十二届中国（南宁）国际园林博览会期间成功入植"中华园"，2019年黄帝手植柏等扩繁苗入驻北京世界园艺博览会。2021年，3株黄帝手植柏亲子苗、3株挂甲柏亲子苗、3株黄帝手植柏太空苗定植于秦岭国家植物园。

黄帝手植柏和汉武帝挂甲柏克隆繁殖的成功，开创了我国古树扩繁保护的先河，也为世界古树名木的保存和扩繁提供了有益借鉴。古树名木扩繁保护工作的创新探索，赋予了传统的森林文化和古老文明以新的内涵，开展扩繁保护，让古树生命万代永续，森林文化生生不息。

4.3 | 申报认定管理

我国历史悠久，疆域辽阔，地形复杂，气候多样，森林资源丰富，树木种类繁多。经普查（申报）、鉴定、审核、认定和公布后的树木，纳入古树名木保护和管理。

4.3.1 古树分级保护规定

经过各级古树管理部门鉴定并公布的古树，按下列规定实行分级保护。

（1）树龄在1000年以上的古树，实行特级保护；

（2）树龄在500年以上的树木为一级古树，实行一级保护；

（3）树龄在300年以上不满500年的树木为二级古树，实行二级保护；

（4）树龄在100年以上不满300年的树木为三级古树，实行三级保护；

（5）城市规划区内的三级古树实行二级保护，二级以上古树实行一级保护。

4.3.2　名木保护规定

符合下列条件之一的树木一般可以认定为名木：

（1）国家领袖人物、外国元首或者著名政治人物所植的树木；

（2）国内外著名历史文化名人、知名科学家所植或咏题的树木；

（3）分布在名胜古迹、历史园林、宗教场所、名人故居等，且与著名历史文化名人或者重大历史事件有关的树木；

（4）列入世界自然遗产或者世界文化遗产保护范围的标志性树木；

（5）树木分类中作为模式标本来源的具有重要科学价值的树木；

（6）其他具有重要历史、文化、观赏、科学价值和重要纪念意义的树木。

名木不受树龄限制，一律实行一级保护。

4.3.3　古树名木认定程序

根据古树名木按属地管理保护的原则，县级以上绿化委员会统一组织本行政区域内古树名木保护管理工作。县级以上林业、城市绿化等主管部门分工负责。

单位和个人都有义务向所在地古树名木主管部门报告未经认定和公布的古树名木资源信息，包括该树木的现状照片和描述（树围、胸径、地径、冠幅、高度等），县级人民政府古树名木主管部门在接到报告后应当及时组织鉴定、审核，并按管理权限认定或上报。

4.3.4　古树名木认定材料

古树名木的认定一般需要提交以下材料：

（1）申请报告；

（2）古树名木调查表；

（3）反映树木生长现状的影像资料；

（4）其他需要提交的材料。

稀有树种应当同时提交标本、树种鉴定意见书。

4.3.5　古树名木的认定和公布

设区的市古树名木行政主管部门负责辖区内古树名木的认定，经市绿化委员会审查确认后，报市人民政府公布，并报省绿化委员会备案。

认定和公布后的古树名木应纳入古树名木主管部门信息综合管理系统实行分级管理和保护。

4.4　保护性移植审批管理

古树被誉为"活化石"，是树木适应生态环境和前人保护树木的结果。古树生长期间历经无数考验，名木则与特定的人物、事件、时间相联系，是一段历史的见证。古树名木是生态、经济、科研、历史、人文和旅游等多种价值的复合体，是原生地响当当的"绿色名片"，一旦损毁就不可再生、不可复制。

古树树体高大、树冠宽阔、根系发达，与周围土壤、气候、微生物等生态因子形成了一个相对稳定平衡的生态系统，是一个地区的标志，也是该地生存环境质量的体现。

古树名木的保护原则之一就是坚持原地保护，严禁违法砍伐或者私自移植古树名木。

4.4.1　保护性移植的条件

一般情况下，有下列情形之一的，可以申请对古树名木进行移植，实行异地保护。

（1）生存环境已不适宜古树名木继续生长，可能会导致古树名木死亡的；

（2）古树名木的生长状况对公众生命、财产安全可能造成危害，且采取防护措施后仍无法消除隐患的；

（3）因国家和省重点基础设施、民生保障及公共事业项目建设确实无法避让的。

4.4.2　移植古树名木申请资料

符合保护性移植条件第一项、第二项的古树名木管理部门和符合保护性移植条件第三项的建设单位，应当在工程项目施工前向相应绿化行政主管部门提出古树名木移植申请。

申请移植古树名木，一般应提交以下申请资料：

（1）古树名木移植申请书；

（2）申请移植的古树名木的位置（平面图）、现状照片、生长状况调查报告等文件；

（3）古树名木所有权人和当地居民意见；

（4）建设项目立项文件、工程建设许可文件（纸质文件、电子证照或项目文件编码等）；

（5）移入地保护和管理责任人出具的养护责任承诺书；

（6）移植与保护方案。包括：移植必要性和合理性说明、移植方案、移植保护措施、五年内养护管理措施、落实移植古树名木的费用以及五年以内的养护费用等情况。

4.4.3　移植古树名木审批程序

省、市、县绿化行政主管部门受理移植申请后，应当征求古树名木所在地绿化行政主管部门的意见，并组织有关专家对移植的必要性、合理性以及移植方案的可行性进行论证，并向社会公示，听取公众的意见，接受社会监督，公示时间不少于15日。

省、市、县绿化行政主管部门应当在公示期满后5个工作日内提出审核意见。经审核同意后，由有关机关依法批准；审核不同意或者不予批准的，应当书面告知申请人并说明理由。

经批准的古树名木应当就近迁移，迁入地应当适宜古树名木生长，具备条件的应当迁入绿地内。除必须截干才可移植施工的情形外，应当采取全冠移植技术，最大限度保持古树名木原有景观生态效果。

经批准移植的古树名木，应当严格按照移植方案实施，并落实移植费用以及移植后不少于五年的复壮、养护费用。移植后五年内的养护，应当委托具备树木养护工程专业条件的绿化养护单位进行。属于古树名木保护性移植条件第一项、第二项情形的，移植和复壮养护费由县级以上人民政府承担。属于古树名木保护性移植条件第三项情形的，移植和复壮养护费由建设单位承担。

4.4.4　古树名木移植后的管理

古树名木移植后，移出地和移入地县级人民政府古树名木主管部门应当及时更新古树名木信息管理数据库，按照迁移与保护方案的要求落实各项管养措施，及时变更养护人或养护单位。

移入地绿化行政主管部门应当对古树名木移植工程以及后续养护履行下列职责：

（1）对移植工程进行监督和指导；

（2）对移植后的古树名木生长情况进行监测，并将监测情况定期向对应保护等级的绿化行政主管部门报告；

（3）监督移植后古树名木保护和管理责任人履行管理责任；

（4）古树名木移植完成后，应当在30日内更新古树名木档案。

4.4.5　擅自移植古树名木的法律责任

未经古树名木主管部门批准，不允许任何人、任何单位擅自移植古树名木。各地的古树名木保护法规都对此作了明确的规定，例如，《陕西省古树名木保护条例》第三十四条规定，砍伐古树名木的，由县级以上古树名木行政主管部门责令停止违法行为，没收违法砍伐的古树名木和违法所得，赔偿损失，并按下列规定处罚：

（1）砍伐特级保护古树的，每株处三十万元以上五十万元以下罚款；

（2）砍伐一级保护古树和名木的，每株处十万元以上三十万元以下罚款；

（3）砍伐二级保护古树的，每株处五万元以上十万元以下罚款；

（4）砍伐三级保护古树的，每株处三万元以上五万元以下罚款。

第三十五条规定，擅自移植古树名木的，由县级以上古树名木行政主管部门责令停止违法行为，没收违法所得，并按下列规定处罚：

（1）擅自移植特级保护古树的，每株处十万元以上二十万元以下罚款；

（2）擅自移植一级保护古树和名木的，每株处五万元以上十万元以下罚款；

（3）擅自移植二级保护古树的，每株处三万元以上五万元以下罚款；

（4）擅自移植三级保护古树的，每株处一万元以上三万元以下罚款。

擅自移植古树名木，造成古树名木死亡的，依照本条例第三十四条的规定实施行政处罚。

4.5 建设项目影响管理

根据古树名木原地保护原则，严禁违法砍伐或者移植古树名木。严格保护好古树名木的生长环境，设立保护标志，完善保护设施。

对于项目建设涉及古树名木的，县级林业主管部门在建设项目前期立项、规划选址时，应提前介入，告知项目建设单位，通报项目建设范围内涉及的古树名木分布情况，并积极引导建设单位对古树名木及其保护范围尽可能予以避让。编制建设项目使用林地可行性报告或现状调查表，应按有关规程规定，全面、准确调查拟使用土地范围内涉及古树名木及其保护范围等情况。因国家和省重点基础设施、民生保障及公共事业项目建设确实无法避让的，应在建设项目使用林地可行性报告或现状调查表中充分阐述分析无法避让的理由及有关情况。

建设单位应当在施工前制订古树名木保护方案，并报县级古树名木主管部门备案，县级古树名木主管部门应当对保护方案的制订和落实进行指导、监督。

保护方案由建设单位报古树名木行政主管部门批准，未经批准，不得施工。

禁止在古树名木保护范围内新建、扩建建筑物或者构筑物。

建设项目对古树名木生长造成损害的，建设单位应当承担相应的复壮、养护费用。对于影响、危害古树名木正常生长的生产、经营、生活设施或者建筑物，古树名木主管部门应当责令所有权人或者日常养护责任人限期采取措施，消除影响和危害。

第 5 章

古树名木常见伤病及成因

5.1 稳固性降低

稳固性降低指古树名木环境受自然或人为因素影响导致自身树体或着生区域出现物理性不稳定性的现象。一方面，因树体局部或整体发生固有形变重力不平衡而导致稳固性降低；另一方面，古树生长的土壤、地质等环境出现力学结构性变化也会造成不稳定性。稳固性降低现象在古树名木中较为普遍，但目前大多由于台风、雨雪、雷电等自然灾害天气和道路、电力、房建、采矿等工程施工导致古树稳固性降低。

对于古树树体稳固性降低主要有以下几方面原因。一是自身原因，树龄较大，自身老化，生理机能下降，再生能力减弱，抗病虫害侵染力低，抗风雨侵蚀力也逐渐减弱等情况，最终导致芯材腐烂中空、密度降低、支撑力不足。二是树体主侧枝间张开角度差别过大，生长激素浓度存在差异，顶端优势转移，导致枝条增量出现明显不平衡，形成细弱枝、下垂枝，甚至偏冠，进一步造成结果枝和结实不合理布局，再次导致树体侧枝的不平衡。三是主侧枝处受到外界病虫害

树体稳固性降低 / 摄影 廖正平 /

侵蚀，长时间造成枝条内部木质腐朽、裂痕、空洞而出现不稳固现象。四是树体受台风、雷电等自然干扰导致树枝受损，枝叶生长分布不均衡引起稳固性下降。五是树体主根受损，导致沿重力方向的根系减少，而侧根主要是沿地表面方向分布，一旦形成密集的浅根层，土壤渗透系数便会随之下降，而树干和侧根的结合部下方产生的张力施加在根系组织容易产生撕裂的方向上，造成树干和根系的结合部开裂，很难支撑古树树体。

古树生长环境稳固性下降主要有以下几个原因。一是道路、桥梁、房建、采矿施工、农业耕作等方面人为导致区域内地质结构出现不稳定，根系与土体的摩擦力和地面支撑力受到干扰，进而难以承受

立地条件稳固性下降／摄影　赵宝鑫／

古树自重，出现区域稳固性下降。二是泥石流、洪水、风蚀、滑坡等自然因素导致立地环境水土流失严重，根系外露，增加了稳固性下降的潜在风险，造成树体倾斜，严重时甚至树体连根拔起。三是树木立地坡面不适宜。坡面坡度越陡，生长基础越不稳定。坡面角度如果临界于或大于坡面土壤的安息角，随着树体的逐年生长，坡面变得不稳定，土层就容易滑落。

5.2 | 树皮损伤

树皮由外向内依次是外表皮、木栓、木栓形成层和栓内层组成的周皮以及韧皮部，是树木抵御外界不良侵害的第一道防线，对于古树名木保护起到至关重要的作用，同时也承担着运送养料的功能。由于树皮由外及里涉及多个层次组织结构，不同组织结构对于树木健康的影响作用大小不一，因此需要对树皮损伤进行分层分析。

一般来说，外表皮及周皮均属于树木的保护组织。外表皮由于是树皮最外部较薄的死组织，所以该部位的损伤对树体健康程度的干扰和影响不大，而周皮损伤则意味着保护韧皮部的最后一道防线损伤，无保护的内层组织暴露在空气中，会增加病虫害侵染的风险。韧皮部损伤则会直接影响树木的营养供给，因叶子通过光合作用制造的养料通过韧皮部大量筛管输送到根部和其他器官，损伤后将会引起光合作用产物运输受阻，导致上端的树皮生长加强，形成粗大的愈伤组织，有时成为瘤状物。

树皮损伤主要由光温环境、病虫害和人为活动等外界干扰因素所引起，包括非侵染性病害（日灼、冻害）、侵染性病害（真菌、细菌、病毒）、虫害、人为活动（机械损伤、祭祀焚烧）等情况。

日灼是古树常见的树皮损伤形式之一，指强光照射和夏季高温干旱引发树木正常化程序被破坏而导致的茎、叶、果的损伤。多发生于夏季持续高温（40℃以上）干旱时期的树干正南、正西、西南侧，常表现为条状破裂状，严重时会脱落、干枯、开裂。损伤初期韧皮部凹陷，渐渐焦枯发黑，皮层龟裂翘起，被害部位会成为腐生菌或害虫寄生为害的诱因。

冻害是指树木因受低温伤害而出现细胞和组织受伤，甚至死亡的现象。当气温骤降时，树皮受冷迅速收缩，造成主干树皮内外张力相差悬殊，由外向内开裂。冬季过冷，而开春后，当气温上升时，一冷一热造成枝干皮层和形成层组织坏死、变色，严重时树皮变色凹陷、干枯、开裂，韧皮部与木质部脱离。

真菌是造成树皮损伤的主要病害源。真菌没有叶绿素，菌丝体中有明显的细胞核，以有性或无性的孢子进行繁殖，主要靠菌丝体吸收外界

树皮损伤 / 摄影　赵宝鑫 /

真菌危害 / 摄影　赵宝鑫 /

古树名木常见伤病及成因

形成的营养物质来维持生活。真菌引起树皮损伤开始于孢子或其他接种体与林木的接触，到达林木体表的孢子萌发后，芽管通过气孔、皮孔等自然孔口或各种伤口侵入树木体内，有的真菌芽管可以直接穿透林木体表的保护组织而侵入，以菌丝体在林木体内扩展，剥夺寄主的营养物质，诱发反常的生理活动，杀死细胞或刺激细胞做过度分裂、生长，逐步瓦解侵蚀树皮出现开裂、流胶、发霉、变黑等现象，最终造成树皮损伤。

虫害危害古树树皮主要以蛀干类害虫为主。一是蛀干类害虫多数属于弱寄主寄生害虫，古树名木生长势衰弱容易被寄生；二是蛀干类害虫生活隐蔽、虫口密度稳定、破坏性大、防治困难，一旦害虫入侵，便会造成树木的皮层、韧皮部及木质部和输导组织被破坏，严重影响树木水分和养分的运输；三是在蛀干害虫危害的过程中造成古树树势更加衰弱，常引起次生病害的发生，如溃疡病、烂皮病等，加速树木的死亡。四是蛀干害虫为害后常使古树树干或较大主枝形成小的孔洞，加之古树处于高龄阶段，生长势存在不同程度的减弱现象，腐

虫害危害 / 摄影　赵宝鑫 /

生菌等随之入侵，进而使古树主干或大的侧枝形成较大树洞。古树名木蛀干害虫主要包括天牛、小蠹虫、吉丁虫、木蠹蛾、透翅蛾、象甲类六大类。常见的有双条杉天牛、松墨天牛、云斑天牛、星天牛；柏肤小蠹虫、松纵坑切梢小蠹、松横坑切梢小蠹；芳香木蠹蛾、蛾槐木蠹蛾、榆蒙古木蠹蛾、国槐小线角木蠹蛾；松黑木吉丁虫、油松果梢斑螟、大灰象甲等。

机械损伤是指在古树周围区域的道路、房建等工程施工对树皮造成物理性损伤，出现主干树皮刮裂、枝条断裂等情况。此外，还包括因人为不科学的修枝、金属丝捆绑、未及时松解树箍等情况造成树皮撕裂、裂痕。

祭祀焚烧是指在古树树下烧香祈福，这也是造成树皮损伤的因素之一。由于我国古树大多数都散落在乡村院落街道间，受长期的地方风俗影响，民间常有在古树树冠垂直投影范围内使月明火祭祀、焚香烧纸的习惯，甚至古树树下变成了村民祭祀场所。因此，古树树皮烧伤、熏黑甚至整株死亡的现象时有发生，严重威胁古树健康。

祭祀焚烧 / 摄影　赵宝鑫 /

5.3　腐烂病

腐烂病菌属于子囊菌亚门黑腐皮壳属，它以菌丝、分生孢子器、子囊壳等在病树皮中越冬。果园内堆放的病残枝干也是病菌的侵染来源，在春天借风、雨、昆虫传播。另外，因腐烂病菌是弱寄生菌，所以只能由伤口侵入，树势衰弱易受害，一般侵染盛期为早春和初冬两个时期，即树木由休眠转入生长或由生长转为休眠的交替阶段，是发病最多的时期。

腐烂病分为溃疡型和枯枝型。溃疡型的腐烂在发病初期会在枝干上出现一些红褐色的长梭形病斑，表皮略隆起，用手指按时立即下陷，病部常流出黄褐色汁液，病部呈湿腐状，表皮易剥离，有酒精味，发病后期病部失水变黑褐色，干腐状，病斑上产生黑色小颗粒；枯枝型腐烂多发生在衰弱树的小枝上，病斑扩展迅速，围绕枝条出现规则病斑，枝条逐渐死亡，后期病部也出现黑色颗粒状。

腐烂病主要危害枝干，其发病原因是多方面的，综合起来可以概括为诱发因素、激化因素和促进因素三个方面。

诱发因素以气候、生态和立地条件的恶化为主。主要包括气候异常、地下水源不足、水和土壤污染、肥力不足等原因，以及地面硬化铺装，树坑小等，使树体地下生长空间被挤压。在所有这些因素的作用下，逐渐导致树木活力下降，根系吸水越来越困难，为蛀干害虫的侵入和弱寄生病害的发生提供了可乘之机和适宜场所。

激化因素主要是干旱、冻寒害。这些因素对树木虽只是短期起作用，但往往比较剧烈，直接伤害寄主，尤其是边缘树种，可促使诱发因素的作用表现更明显。当夏季干热风持续时间长，空气干旱严重，高温、低湿导致树体含水量急剧下降而得不到及时补充，出现黄叶和

腐烂病
/ 摄影　赵宝鑫 /

大量落叶现象，这正是树木自我调节体内水分不足的表现，为弱寄生菌创造了适宜的条件。秋末冬初的持续高温和突然降温，对休眠晚的树种进入休眠造成一定的伤害。春季北方倒春寒严重，干扰了树木生理进程，加剧了病害的发生。早春的土壤温度偏低，直接影响根系吸水功能的及时恢复和吸水量，解冻期树木的抵抗力弱，对环境的应变能力差。倒春寒的出现使得根部吸水量远远无法满足地上部分蒸发量的消耗，造成树干、树枝出现生理失水，树皮含水量急剧下降，超过了极限，加剧了腐烂病的发生。

　　促进因素主要包括蛀干害虫、刺吸性口器害虫以及污黑腐皮壳菌等弱寄生病原真菌。这些因素对树木的作用是长期的，腐烂病菌危害部位主要是韧皮部，直接切断了有机物的输送，引起根部腐烂，病害和虫害的相伴又加速了原来生长不良的树木进一步衰弱直至死亡。这三类因素的作用是综合的，有时甚至是可以互换的，其中，最根本的决定性因素是生态恶化和异常气候，激化因素是早春的倒春寒，直接致死因素是腐烂病。

5.4 树洞

树洞的形成是由古树自身生理原因与外部生长环境综合作用的结果。树洞易削弱树体的结构稳固性，严重影响古树的安全性和健康生长，遇大风或其他不良因素，易造成大枝或主干断裂，对人类或建筑、电力等设施造成安全威胁。

5.4.1 创伤诱发型

这类树洞最初源于外在的损伤，如韧皮部机械损伤、枝条断裂造成的树体撕裂、不规范的重剪等，致使韧皮部损伤，木质部外露，在水分和木腐菌的作用下，逐渐向木质部纵深发展，形成树洞，这类树

创伤诱发型树洞
/ 摄影　赵宝鑫 /

洞多开口向上或斜上，易积水。

5.4.2　树体衰弱型

这类树洞多为树龄较大的古树，由于树体长势不佳直接造成树体木质部局部干枯开裂，死亡的木质部在水分和木腐菌的共同作用下迅速腐烂，最终形成纵向的孔洞或沟槽。这类树洞多为垂直开裂型，且腐烂面积较大，因其木质部在孔洞形成前已经死亡，其水平纵深明显，相对其他类型的树洞创伤面更大。

5.4.3　虫害危害型

这类树洞多为白蚁、天牛、大小蠹等蛀干害虫的直接危害造成，多在榕树、柳树、重阳木、柿树、槐树、核桃等树上存在。其特点是外露创口较小，树体内部孔洞弯曲复杂，腐烂程度较低，隐匿性强，容易被人们忽视，但对树体有着潜在性和持久性伤害，严重威胁着树体结构和树势。

树体衰弱型树洞／摄影　赵宝鑫／　　　　　　虫害危害型树洞／摄影　赵宝鑫／

生理型树洞 / 摄影　赵宝鑫 /

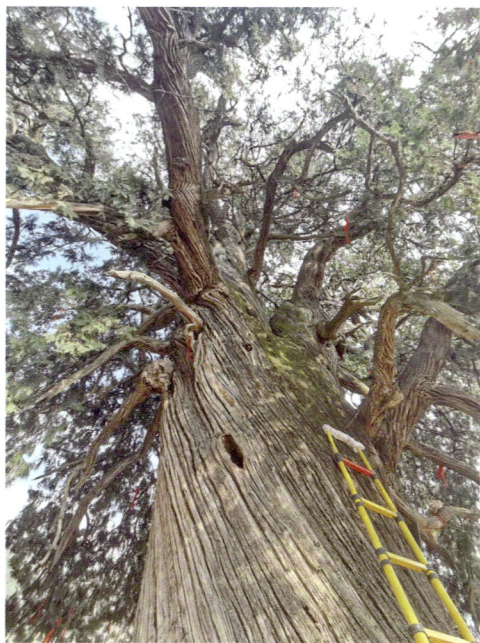

鸟兽危害型树洞 / 摄影　廖正平 /

5.4.4　生理型

这类树洞多为树体自身存在缺陷导致，如天竺桂韧皮部较薄，日灼受伤后导致开裂，木质部外露后逐渐腐烂形成空洞；树龄较大的国槐和垂柳树体不同程度地出现自然空洞。这类树洞较为普遍，可在发生初期进行处理。

5.4.5　鸟兽危害型

这类树洞多为鸟类和小型动物因栖息、筑巢、取食等活动给树木带来的直接或间接危害。例如，啄木鸟因其嘴强直而尖，不仅能啄开树皮，也能啄开坚硬的木质部分，在树干长时间取食就会造成树干形成孔洞，为病虫害侵蚀树木增加了不可估量的风险。但树洞也常常成为许多动物筑巢和繁衍的场所，穴居动物，如鼠，貂、獾等一些小型哺乳动物会将树干、树基部挖掘出洞口并进行改造，作为自己的巢穴，这些树洞与物种的数量关系密切。

5.5 根腐、根癌

根腐病是一种分布广、危害严重、多寄主的病害，我国大部分省份均有分布，可危害200余种针阔叶树种，导致根系和根茎部分腐朽甚至死亡。根腐病病原多为担子菌亚门的小密环菌和发光假蜜环菌。以菌丝体、菌索在土壤中或病根上越冬，条件适宜时，菌丝通过伤口侵染根部，孢子可借风雨传播，从伤口侵染。

根癌病是一种根瘤土壤杆菌引起的世界性病害，具有慢性发展的特点，症状是在感病植物根部形成大小不一的瘤状物，严重时整个主根变成一个大瘤子，主要为害主根和侧根，树木地上部分也时有所见。当树体的根部受刺激后，局部组织增生，形成癌瘤。被害初期，出现大小不等、形状不同的小瘤，这些初生瘤灰白色或略带肉色，较柔软，表面光滑；后期癌瘤逐渐增大，表面渐变为暗褐色，表皮粗糙并龟裂，内部组织紊乱并木质化。病株根系发育不良，地上部分生长衰弱、缓慢，枝条干枯甚至枯死。

5.6 树冠损伤

树冠损伤是指树体树冠部位发生的损伤。导致树冠损伤的原因主要有病虫害、寄生植物、绞杀植物（藤本缠绕）、自然因素等情况。

引起树冠损伤的病害主要涉及枝干病害，常见的有干腐病、枝枯病、枝干腐病等，病原物在病残株上、转主寄主上以及土壤内越冬，真菌和细菌通过茎干表面伤口、坏死的皮孔侵入寄主，受害后引起枯枝落叶或全株枯死。症状有腐烂、流胶等，发生严重时导致茎、干死亡。

树冠损伤 / 摄影　赵宝鑫 /

树冠损伤 / 摄影　赵宝鑫 /

　　引起树冠损伤的虫害主要为危害嫩梢、枝叶、果实。其中涉及刺吸式口器类害虫，如蚧虫、蚜虫等，这些虫害吸食寄主植物汁液，常群聚于枝、干、果等部位，被害后，枝干皮层木栓化，韧皮部、导管组织逐渐衰退，皮层爆裂，生长受到抑制，直至干枯。此外涉及以咀嚼式口器为害的食叶性害虫，如蛾类、蝶类，叶甲、吉丁虫等。幼虫于枝干皮层内、韧皮部与木质部间纵横窜食。由于被蛀食的隧道内充满木屑和虫粪，输导组织被破坏，树冠逐渐衰弱，枝干外表变褐至黑，最终枝干干枯死亡。

　　桑寄生、槲寄生是古树树冠上最为常见的两大类寄生植物，在树木枝梢上营半寄生生活的种子植物属桑寄生科，其症状表现为"树上长树"，多附着于古树的主干或侧枝的基部与中部，争抢营养和水分，严重影响古树树冠枝条发育和正常生长。其中，桑寄生为钝果寄生属常绿小灌木植物，叶近对生或互生，革质，卵形、长卵形或椭圆形，小枝黑色，无毛，具散生皮孔，总状花序，1~3个生于小枝已落叶腋部或叶腋，花期6~8月，果椭圆状，两端均圆钝，黄绿色，果皮

藤本缠绕/摄影 赵宝鑫/

具颗粒状体。槲寄生为桑寄生科槲寄生属灌木植物，叶呈倒披针形，革质，淡绿色，叶间分出小梗，着生小花，淡黄色，单性，雌雄异株，花期4～5月，果实半透明，呈黄绿色，果肉有黏质物。这类植物种子会萌生吸根（寄生根）沿皮层下方生出侧根环抱木质部，然后逐年从侧根分生出孢生吸根钻入皮层和木质部的表层，随着枝干的年轮增加，初生及次生吸根逐渐陷入深层的木质部中。这类植物种子的胚根分泌黏液附着在树皮上形成盘状的吸盘，吸盘产生轴生吸根并分泌对树皮有消解作用的酶，并以机械力从伤口、芽部或幼嫩树皮钻入寄主表皮，到达木质部与寄主的导管组织相连，从中吸取水分和无机盐，以自身的绿叶制造所需有机物，然后与寄主植物接触后形成吸根再钻入树皮，发育成植株。

绞杀植物是指一种植物以附生方式来开始它的生活，随后长出根送进土壤里，或者在植物枝干上"发芽"，变成独立生活的植物，并杀死原来借以支持它的植物，还有一些藤本植物借助自身的特殊结构攀附乔木而向上伸展以达到自身生长的目的。我国绞杀植物的种类很多，如桑科的榕属、五加科的鸭脚木属、漆树科的酸草属、旋花科的菟丝子属、卫矛科卫矛属的扶芳藤、豆科葛属的葛藤等。这些绞杀植物可将它的气根附生于其他古树上，气根沿着它附生的古树主干向上攀缘和向下延伸，紧紧地包围住主干，与树冠争夺阳光和空间，逐步使古树失去输送营养和水分的能力，阻断生长，最终导致古树树势衰弱甚至被绞死。

引起树冠损伤的自然因素主要包括雷电、大风等自然力作用，造成局部或者整个树冠枝条折断、开裂，进而引起病虫害侵染，导致主、侧枝腐朽，造成树势衰弱，极有可能再次发生风折倒伏事故，危及周边群众生命及财产安全。

5.7 | 病虫害

5.7.1 病害

古树的病害分为侵染性病害和非侵染性病害。

侵染性病害通常寄生于树干及枝条所在的皮层上，病害病原物有真菌、细菌、病毒。常见为害林木的侵染性病害种类有溃疡病、腐烂病、煤污病、炭疽病、叶枯病、锈病。

真菌是古树病害主要病原物，其繁殖阶段以有性或无性的孢子进行繁殖，营养阶段产生的营养体为菌丝，主要靠菌丝体吸收外界形成的营养物质

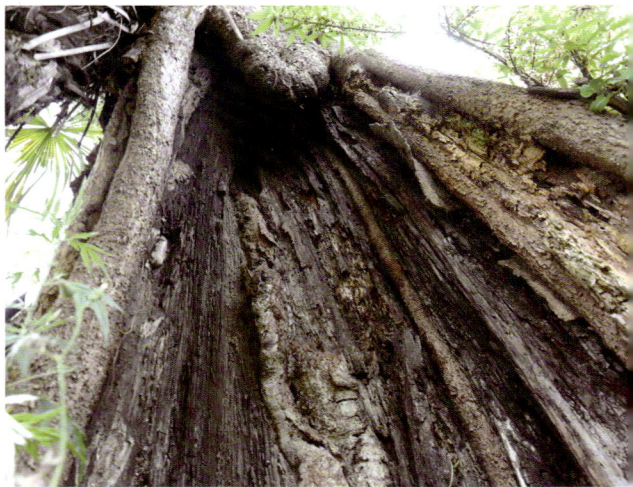

侵染性病害 / 摄影　赵宝鑫 /

来维持生活，依靠孢子传播蔓延。在病害部位长出霉状物、粉状物、锈状物及小黑点。

细菌是单细胞微生物，为害林木的细菌为杆状菌，引起的病害通常伴有黏状物。主要依附在病株上，靠雨水传播，通过林木伤口、自然孔口侵入危害。

病毒是一种极小的非细胞形态的微生物。病害途径主要有蚜虫、蝉等昆虫传播，苗木传染，嫁

非侵染性病害／摄影　赵宝鑫／

接和无性繁殖传染，花粉和种子传染等方式。病毒病害常出现花叶变色、花叶畸形、植株矮化等症状。大多数病毒进入寄主细胞后，通过产生直接毒性作用、抑制细胞生物合成的酶类、自身复制增殖致使细胞结构和功能受影响，寄主细胞产生病变甚至死亡。

以上侵染性病原物的病害发生过程可以分为侵入期、潜育期和发病期三个时期。侵入期主要指病原物接触林木建立寄生关系这个时期。可以通过角质层、自然孔口、伤口侵入；潜育期指病原物侵入到症状出现这一阶段。病原物吸取营养进而蔓延。而树木在此期间产生相应的保护反应和机制进行抵抗，若加强培育管理则减轻或抑制病害发生，反之病害不断蔓延威胁树木健康；发病期即为林木开始表现症状，病原物开始肆虐繁殖蔓延扩展。病原物本身能借助运动进行传播，但大多数靠外界因素（风、水、气、虫等）进行传播。

非侵染性病害的种类主要有缺素症、流胶病、日灼病、冻害等。非侵染性病害病原主要有土壤因素、温度因素。

土壤因素：土壤中营养元素缺乏或过多，会引起林木病变。例如，缺氮主要表现是植物矮化、失绿变色和组织坏死。缺钾引起松树老叶的叶脉间与叶尖的边缘呈暗绿—淡黄，下部呈微赤色。缺磷引起落叶松苗顶部叶子尖端变为紫红色。缺铁和镁主要引起失绿、白化和黄叶等。缺硼引起苹果缩果病。缺锌引起树木发生小叶病，碱性土壤会发生缺铁症。土壤缺水会引起植物叶尖、叶缘或全叶失水枯死；水分过高，植物根部出现根腐。

温度因素：指低温会引起苗木冻害、霜害，高温则使幼苗的根茎部发生日灼伤进而引起根茎收缩和苗木死亡。预防灼伤可采取适时的遮阴和灌溉以降低土壤的温度。预防冻害可以采用熏烟和盖草、涂抹植物防冻剂等方法。

5.7.2　虫害

威胁古树健康生长的虫害为枝干害虫、根部害虫和枝叶害虫。

枝干虫害有等翅目白蚁、鳞翅目木蠹蛾、鞘翅目天牛等蛀干害虫，重点危害古树干、茎、花蕾、果实，以幼虫钻蛀茎干，在韧皮部与木质部之间蛀食为害，切断植物的水分、养分输送，导致植物枯死。

根部虫害有鞘翅目咀嚼式口器的蛴螬（金龟子幼虫），主要破坏古树根系，成虫地老虎导致古树水分和营养缺乏，幼虫破坏的烂根容易被土壤真菌感染，严重时导致枯死。

叶部虫害有刺吸式口器类害虫，如同翅目的蚧壳虫、榕木虱，缨翅目的榕管蓟马等，害虫个体小，繁殖力强，发生代数多，高峰期明显。以成虫、若虫群集吸取植株的嫩梢、枝叶、果等部位的养分，导致植物枝叶枯萎或形成虫瘿并诱发烟煤病。叶部虫害还有以咀嚼式口器为害的食叶性害虫，如鳞翅目蛾类、蝶类，鞘翅目叶甲等。

第 6 章

古树
健康诊断

　　古树是大自然生存的强者，历经千年的岁月洗礼，依然具有顽强的生命力。自然界遗存的古树在与环境的长期抗争过程中，已形成以古树为核心的稳定协调的微生态系统，在没有人为干扰的情况下，古树与环境的和谐共生为古树生命的不断延续提供了可能。

　　古树健康诊断就是分析评估古树伤病产生的原因和伤害程度，并制订有针对性的救护复壮措施。古树伤病分为环境伤病和树体伤病：改变古树的原生境状态，破坏古树水肥气热供给环境，挤占古树生长空间的行为或现象称为环境伤病；古树根系、树干、树冠出现损伤或腐朽的现象称为树体伤病。

　　环境伤病是古树生长衰退的主要影响因子，也是树体伤病的主要诱因，古树在没有进入生命衰老期之前出现的生长衰退，多由环境伤病引起，主要表现为古树的生境遭到了破坏或干扰，原生境被改变，包括地形地貌改变、根系生长空间干扰、地上生长空间挤占、竞争性物种的生长条件争夺等。环境伤病的诊断需要从古树生长环境变迁入手，对古树的立地条件进行现地调查，论证分析古树生境改变对其生

恭王府古榆树雪景／摄影　曾赞青／

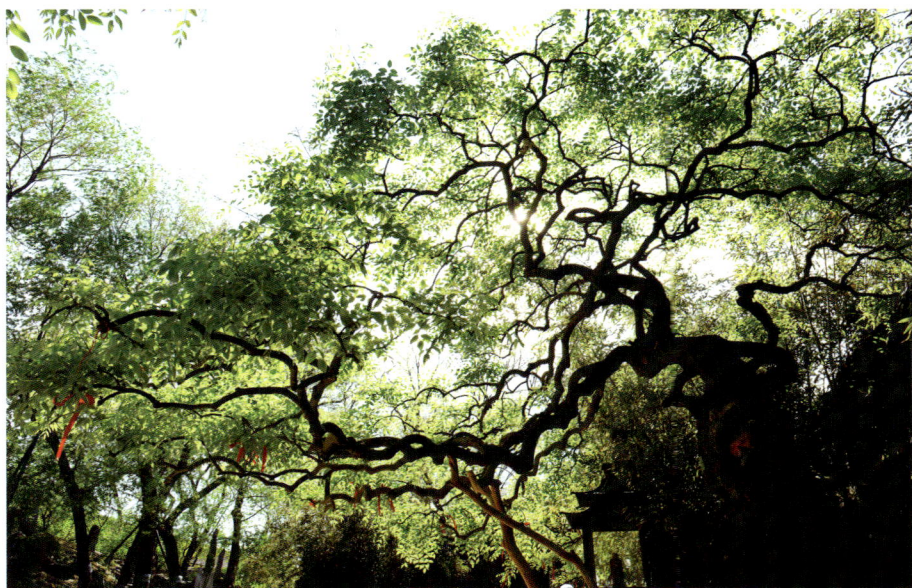

恭王府垂青樾龙爪槐 / 摄影　曾赞青 /

长造成的影响。

　　树体伤病主要造成古树功能性器官的损伤，包括根系损伤、干枝损伤、枯梢断枝、树洞枝裂、主干中空、树体不稳固、侧枝不稳固等。树体伤病的诊断主要通过观测并辅以专业设备的探查，结合环境状况进行实测调查。

　　古树的健康诊断是在古树立地调查的基础上，通过对古树的生境状况、生长状况、伤病程度及生理活性进行分析，对伤病发生的程度进行评估，对未来的生长状态进行预测，为制订古树的保护方案、复壮措施及养护管理提供科学的依据。

6.1 │ 古树立地调查

　　古树生长环境是古树健康的关键影响因子，立地环境的变迁往往决定着古树生长状态的变化。立地调查是对古树生长地点的土壤状况、区位环境、空间环境、生物环境及气候条件进行系统全面的调查分析，确定各因子变化对古树生存的影响威胁程度，并以古树复壮为目标，改善古树生境，制订科学合理的古树救护复壮保护措施。

6.1.1　土壤环境调查

土壤是树木生存的基础，一是为古树生长提供养分和水分等营养物质，二是为古树根系发育提供必要的分布空间，三是支撑稳固树体。因此，土壤条件与性状直接决定着古树的生长、生存与健康。土壤环境的破坏、土壤性状恶化会导致根系发育受阻、根系呼吸不畅、养分供给不足、生理代谢紊乱，严重影响古树健康生长。

（1）土壤环境变迁调查

通过观测、走访、追溯古树周围人文历史，询问养护责任单位的有关施工记录，了解分析古树土壤生境的历史变迁情况，必要时在不破坏古树根系的情况下，选择树冠投影区的适当位置进行土壤剖面探查分析。剖面的开挖位置选择应避免伤及根系，在树冠投影区外缘以内选择合适点位。土壤坡面开挖深度视具体情况而定，一般在15米以内，记录人为活动干扰情况，土壤表面侵蚀状况，土壤自然发生层次、土壤结构、土壤质地、土壤紧实度、植物根系、侵入体等信息，为土壤环境治理和制订土壤改良措施提供依据。

土壤环境的变化会直接影响古树根系生活条件的改变，深埋填土、硬化铺装会阻碍古树根系的水、气、热交换环境，特别是根系的呼吸状况。呼吸不畅或受阻，前期会导致古树活力降低，生长不良，长时间会导致根系窒息死亡。

（2）人为活动干扰调查

人为活动干扰造成了古树原生境状态的改变，使古树的环境因子平衡被打破，自我调节能力降低。在城镇空间、旅游景点、风景名胜

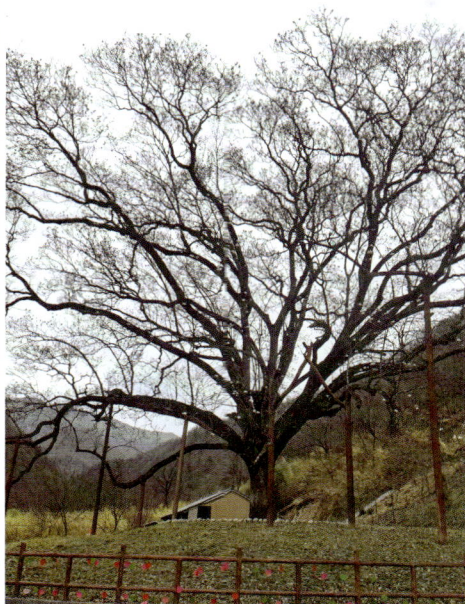

深埋填土致古树衰弱 / 摄影　廖正平 /

区、文物保护区分布的古树，其土壤环境遭到人为破坏的现象十分普遍，常见的破坏性干扰有原生境地形改变、覆土深埋、硬化铺装、踩踏覆盖及地下管网沟渠开挖布设等建设性破坏或保护性破坏行为。人为活动干扰破坏改变了古树原有的土壤环境，土壤性状趋于恶化，是古树生长衰退或死亡的主要干扰因子。该项调查，详细勘测记录破坏性干扰存在的类型、产生的时间、发生原因及危害程度，并提出有针对性的治理整改措施。

（3）土壤性状调查

主要调查土壤结构、土壤质地、土壤紧实度、土壤孔隙度、土壤酸碱度等关键影响因子，其目的是结合古树树种的生活习性，调节土壤的理化性质，改良古树的土壤环境。

（4）有毒有害物质调查

有毒有害物质是古树的慢性杀手，往往难以直观发现和觉察，其

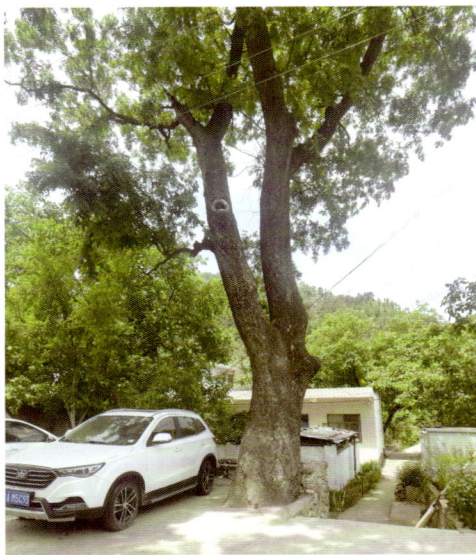

硬化铺装、踩踏覆盖导致古树根系呼吸不畅 / 摄影　曾赞青　廖正平 /

影响到一定程度时，会对古树造成致命伤害，并难以采取有效的挽救措施。有毒有害物质主要包括有毒有害的化学品、腐蚀性物质(水泥、石灰、强碱、强酸）、有毒废水、有毒垃圾、除草剂等。

有毒化学品会直接损伤树体根系；腐蚀性物质会导致根系腐烂；有毒废水会造成盐析现象；除草剂残留物降解时间长，在古树周围及上坡位多次使用会造成有毒物质积累。有毒有害物质造成古树根系损伤、土壤微生物环境破坏、土壤性状改变，影响古树生存。

有毒有害物质调查的范围以古树树冠投影区外延50米的半径内为重点，在沟坡川塬区，要延伸汇水区上游或上坡位区域500米距离。调查内容主要包括堆放、存储、使用、排放有毒有害物质及发生过程，并取样检测，评估有毒有害物质危害程度及潜在伤害风险，提出相应的治理措施。

6.1.2 区位环境调查

古树生长地点的区位环境是反映古树立地质量的主要因子，间接影响水、肥、热、气的供给与分配，进而影响古树的生长与健康。区位环境调查以生态空间、农业空间、城镇空间为一级区分因子。

（1）在生态空间分布的古树，形成了以古树为主，与周围环境及生物稳定和谐的古树生态系统，古树是这个系统的骨干，环境较少遭到干扰与破坏。

（2）农业空间留存的古树，多数原生植被已不存在，且部分起源是先民人工栽植，但古树已适应生长地的立地环境，在千百年的生存抗争中与周围环境相适应，并不断调节其生存能力。农业空间上的古树多分布在古院落、古坟地、古遗迹、村庄周围以及农田四旁，有较多的人为活动干扰。

（3）在城镇空间生长的古树生存环境的干扰因子较多，也较为复杂，人为改变地形地貌及土壤条件较为常见，环境的破坏性改变往往会造成古树生长急剧衰退，加速衰老甚至死亡。

区位环境调查主要内容包括区域位置、地形海拔、坡度、坡位、地貌类型等因子。在人为干扰程度较为严重的区域，还应详细记录土壤地形环境变迁的程度与现状，并对古树生长的影响程度进行评估。

6.1.3 空间环境调查

古树空间环境分地上生长空间和根系分布空间。

（1）地上生长空间包括树冠伸展空间和地面领地空间。树冠伸展空间是古树沐浴阳光、展枝生长的必要场所，其垂直范围应无阻碍，水平空间应在冠径的1.5倍范围内无障碍。地面领地空间一般涵盖古树投影半径的1.5倍范围内，地面领地空间的最优选择是维持古树立地的原生境状态，但在城镇空间和农业空间范围内的古树，由于受人类生产生活的干扰，大部分古树的立地生境被改变，并且更多的是破坏性改变。

树冠伸展空间常见的阻碍影响物为建筑、桥梁和竞争性植物，主要阻碍光照和古树的伸枝生长，降低古树的光合效能，导致古树偏冠、枝枯甚至死亡。地面领地空间调查应重点观测地形地貌的细微变化、地面变化和人类活动程度，在城镇街区、文物保护单位和景区景点的古树，在市政建设、文物整修和景区开发过程中，存在填土深埋、硬化铺装、地面封堵、绿地种植等建设性破坏和保护性破坏的现

建筑物阻碍古树树冠生长 / 摄影　廖正平 /

象，且较为普遍，这类现象会对古树造成致命危害。

（2）根系分布空间调查主要了解根系生长空间挤占和根系损伤程度，以及土壤性状的变化情况。人类的生产活动对古树根系分布空间的挤占经常发生在道路建设基础施工、建筑物基础开挖、市政地下管网埋设等过程中，挤占根系分布空间会干扰破坏古树根系的正常生长，损伤古树根系，致使古树部分根系腐烂，进而造成古树主干半腐、枝枯折冠，导致古树生长衰退，甚至死亡。

6.1.4 生物环境调查

古树的生物环境调查重点关注古树生态系统当中伴生植物、绿地植物对环境空间和水、肥、气、热的争夺。古树周围高大的乔木和藤缠植物在一定程度上会挤占古树的生长空间，地上部分对古树造成光热阻隔，地下根系争夺古树的水肥。古树根系分布区域绿地植物的密植栽种，也会破坏古树的生境状态，影响水肥气热的分配，间接影响古树生长。

在古树生物环境调查过程

藤本植物绞杀与伴生植物养分争夺
/ 摄影 廖正平 富世文 /

中，记录评估伴生乔木、藤缠植物、绿地栽种植物的数量及对古树生长的影响程度，确定科学合理的治理整改措施，对于影响较为严重的伴生乔木、藤本植物、灌木及地被物，在荒野自然空间区域应该进行伐除清理，在公园区域、文物保护单位属人工绿化栽种的应进行移除或伐除清理。

6.1.5　气候环境调查

古树是个体或森林群落的优胜者，在自然环境和气候条件的历史变迁中保存下来，顽强抵抗着各种恶劣气候现象对自身生存的威胁和伤害，对生长地的气候环境具备强大的适应能力，同时生存区域的气候条件能够满足古树生长气候需求，与当地环境形成稳定的适应关系。

古树的生命周期可划分为三个阶段：幼龄期、生长成熟期和衰老期。古树在进入衰老期之前的阶段，树体生命活力强盛，适应环境和抵抗恶劣气候条件的能力强大，气候因子在这个阶段不作为古树生长发育的主要影响因素。但在古树进入衰老期之后，古树生命活力下降，树体伤病增多，抵抗气象灾害的能力会显著下降，极端气候现象和灾害性天气会对古树造成损伤，如冰雪压顶、大风折冠、日灼皮裂、洪水冲蚀等极端气候现象对古树会造成重大伤害，因古树的自我疗伤能力降低，伤害对古树的生长不可逆转，甚至损毁古树。

气候环境调查在收集当地气象资料的基础上，研判分析未来的气候变化趋势，特别是温度和降水量区域变化情况，以便在古树的养护管理工作中制订合理方案，有效应对气候变化对古树生存造成的影响。

6.2　生物学调查

古树的生物学调查应准确掌握古树年龄、生长状态和繁殖能力，分析评估古树的发育阶段，从树体的形态指标研判立地因子对古树健康状况的影响程度，为古树保护复壮提供依据。

6.2.1 树种与树龄调查

每个树种都有特定的原生分布区域，原生分布地是树种的最佳适生区，植物的生态学特征与区域的立地因子处于最佳的耦合状态。历史进程中的人口迁徙和宗教传播为树种的迁地分布提供了途径，树种调查通过研究古树物种的分布、古树的起源、物种生活习性，为古树的生态文化价值挖掘以及人文变迁提供支持。

树龄调查评估目的是掌握古树的生长发育阶段，是确定古树的保护等级、制订保护措施的主要依据。但准确认定古树年龄是一件比较复杂困难的事，除有准确文献记载的少数古树外，多数大龄古树难以确定真实树龄。

古树树龄评估认定除有文献记载和真实历史传说外，需要通过多项指标体系观测确定。陕西省林业科学院古树名木保护研究创新团队通过大量的实地调查观测，研究制定了古树无创伤树龄测算法——古树年龄胸径解析模型，通过大量的数据验证，该模型测定500年以上的古树年龄准确率在85%以上，300年以下的树龄测定误差率小于10%。

古树年龄胸径解析模型测定树龄以树干解析理论为基础，综合古树的立地环境状况和古树的衰老程度进行测定，测定公式为：

$$a=[(D/2-M)] \times N \times L \times s+h$$

式中：a 为古树的年龄；D 为古树的胸径；M 为树皮厚度；N 为单位胸径的年轮数；L 为立地环境系数；s 为古树衰老系数；h 为古树树种胸径高度的苗龄。

在该模型中，单位胸径的年龄数值有可靠样本数据的，可以采用样本数据。没有样本数据的，需要现场获取。现场获取的方法是：选取古树近期干枯侧枝截取树盘，获取单位长度的年轮平均数值。注意截取枯枝时不要损伤活枝，不破坏冠形和古树神韵。

立地环境系数的计算主要参考古树生长地土壤条件、树种在适生区的分布区位、雨热条件、海拔坡位及环境干扰因子等（表6-1）。每个树种有最佳适生区和分布边缘区，在分布的最佳适生区和边缘区，个体的生长表现不同，同时因立地因子的差异，会对个体的生长发育、衰老进程、生命周期产生影响。为了便于掌握，可以参考立地环境系数计算表记录相应数值。

表 6-1

立地环境系数计算表

项系 目数	分布区位	土壤条件	根系分布条件	雨热条件	海拔	坡位	人为干扰
1	最佳适生区	深厚肥沃	无障碍	雨热充沛	800米以下	中下坡	无人为干扰
1.05	适生区	土壤条件中等	部分有障碍	雨热适中	800～1200米	中上坡	短期人为干扰
1.1	适生边缘区	土壤贫瘠	有障碍，根系分布空间不足	干旱半、干旱区	1200米以上	山脊	长期人为干扰

注：立地环境系数计算：取各因子数值之和的平均值。

古树衰老系数的求证计算比较复杂，为了简便起见，可以按树盘边材每厘米年龄数与心材每厘米年龄数的比值记录。

同一树种除个体差异外，植物个体的生长发育状况与立地环境因子息息相关，但古树在进入衰老期后，其加粗生长基本停滞，相同粗度处于不同发育阶段的古树其树龄可能差异较大。同样，同一物种同树龄不同个体，在优劣差异较大的不同立地环境中，生长速度会有较大差异，生命周期也会有所不同。

古树年龄鉴定模型数据采集 / 摄影　任俊澎 /

6.2.2　古树形态指标调查

古树形态指标是树体健康状态的直观表现，它是根系健康状态的外在表达。健康的古树表现为树体及侧枝稳固，树冠无缺损，无折枝、无顶枯，主干及主要侧枝无腐烂破损，无大量树洞形成，生长旺盛，开花结果正常。在调查过程中应对以上指标进行定量或定性描述。

（1）树体稳固形态指标

古树在漫长的生长过程中，经受了极端气候事件的洗礼，在饱经风霜雨雪的岁月中，古树自身也是伤病累累，加之自然灾害的影响，造成古树的稳固性降低，包括主干不稳固和侧枝不稳固。

①古树主干不稳固主要是古树重心偏移、主干腐伤、根系局部腐烂以及地质灾害影响造成的，需要现场进行评估分析，详细记录，必要时可用专业设备进行探测。

②古树侧枝不稳固多表现在侧枝粗大且开张角度大，容易造成断枝劈裂。侧枝的稳固性加固需要现场仔细观察，确定不稳固的侧枝数量及位置，现场规划最优支撑稳固方案。

古树主干稳固支撑／摄影　曾赞青／

（2）树冠形态调查

树冠生长形态调查现场测量各形态指标包括：

①树高：主干顶部距地面的垂直距离。

②冠幅：古树树冠垂直投影的平均直径，树冠匀称的古树测量东西或南北一个方向即可。树冠不匀称的，应分别就宽幅和短幅进行测量记录，并记录方位。

③冠长：古树活枝分枝点距树冠顶梢的长度。

④枝下高：古树第一层活枝距根际地面的距离。

⑤冠径比：冠幅直径与古树胸径的比值，也称树冠系数。冠径比大，说明古树生命力旺盛，生长良好。

⑥树冠密度：是树冠枝叶繁茂程度的一个指标，由树冠的干枝叶组成。古树的树冠密度应该保持在一个合理稳定的区间。顶层枯梢、侧枝断损、古树生长空间挤占等都会造成树冠密度下降。树冠密度可

用叶面积指数仪进行测定。

⑦树冠健康率：树冠健康率是指树冠健康枝干的占比，树冠的枯枝断损量越大，其树冠健康率越小。树冠健康率与树冠密度一般为正相关关系。

⑧生长势：古树生长势直观地反映了古树生活力趋势，间接表现了古树根系的健康状态和立地因子对古树生长的影响程度。根系受损，对应的古树地上枝干生长势减弱，甚至枯损。立地条件的改变，如填土深埋、硬化铺装，会改变古树水肥气热的供给协调，影响古树生长，表现为生长势衰退、濒危。

古树生长势的基础指标体现在树冠健康率方面，良好的生长势是建立在树冠整体健康的基础上的，同时观测新梢的年度生长量（长度、粗度），叶片的大小和颜色，新生枝叶旺盛程度，这些都反映了古树的生长势状态。现场调查古树生长势一般分为四级：旺盛、一般、濒死和死亡。

6.2.3 枝叶生长调查

古树枝叶的茂盛程度与古树的健康状态密切相关，枝叶生长状态是古树健康状态的具体表现。古树枝叶的形态指标一般包括侧枝健康率、顶梢健康率、新枝生长量、枝叶密度、枯叶率、叶色、病虫害发生风险等。

（1）侧枝健康率

包括一级侧枝和二级侧枝。一级侧枝健康率是健康一级侧枝占一级侧枝总量的比例。断损一级侧枝以及伤腐严重但仍能保存的一级侧枝计入不健康侧枝数。二级侧枝健康率是生长在一级侧枝上的侧枝健康枝比例。抽查或整株观测，计算方法与一级侧枝健康率相同。

（2）树冠健康率

树冠的健康状态与古树根系状态、主干心腐程度、树皮损伤程度息息相关。根系生活环境不良、主干皮损伤是树冠枯死的主要诱因。树冠枯死率是反映古树衰老和受胁迫程度的可靠指标。测定树冠枯死部分占整个树冠的比例，即得到树冠枯死率，百分比的剩余值即为树冠健康率指标。

（3）新枝生长量

新枝生长量的测定一般用两年生枝发生新枝的数量和比例来衡量，同时测定一年生新枝的生长粗度和长度。新枝生长量是评估古树生长活力的主要指标，也是反映根系生长状态及土壤健康程度的一个重要指标。

（4）枝叶密度

枝叶密度是枝叶空间占树冠空间的比值，用以衡量古树枝叶健康状态的一个指标。

（5）枯叶率

在正常的物候生长期，非正常落叶或枯死叶量的比例，反映了古树生长的受胁迫程度和状态。

（6）叶色

古树正常生长的状态下，叶片颜色具有特定的生物学表征，当古树生长受到环境胁迫和干扰时，叶片的颜色出现不同程度的变化。调查时应记录叶色变化情况，并分析主要胁迫因子的来源和发生程度，提出解决方案。

（7）病虫害风险评估

调查古树主要病虫害在古树生长区域内的发生传播情况及危害程度，观测古树枝叶病虫害是否发生及产生的危害，观测分析病虫害对古树生存的威胁程度，并提出防控措施。

6.2.4　古树躯干调查

古树躯干调查的对象包括树干和树皮。主要查看树干的损伤程度、干腐程度、树洞的形成原因及数量、树皮的健康状况。

树干支撑着树冠，连接根系与枝叶，是营养物供给与运输的通道。树干的健康程度决定着古树的稳固程度和营养物质运输交换的效率。树干调查应记录树干腐朽程度、树洞数量、大小，及其对古树稳固性产生的影响。树皮调查记录树皮的损伤部位及面积，计算树皮损伤程度及树皮损伤率，以便为古树救护复壮和损伤修复提供依据。

6.2.5　古树根系调查

根系是古树健康生长的基础，根系的健康程度直接决定着古树地上部分的健康状态。没有受过人为活动干扰的古树生境，根系除自然衰老外，一般不会出现损伤性腐烂。受人为活动干扰，改变古树生境状态的诸多行为都会对古树根系造成损伤，特别是地面填埋、硬化铺装、地下开挖等建设性破坏性行为，会严重损害古树生境的水气平衡，造成古树根系部分或全部呼吸不畅，进而窒息死亡，对古树的生命构成直接伤害。

古树根系的主要功能为支撑、运输和吸收水分、养分，古树的一级侧根对古树起着重要的支撑和稳固作用，称为支撑根。一级侧根上的二级分枝及以下的多级分枝根，主要作用为传导运输养分，兼顾土壤的固定作用，称为固定运输根。在固定运输根的末级生长的毛细根承担吸收养分和水分的功能，称为吸收根。

人为活动干扰和古树生境改变会导致古树根际土壤性状恶化，水气交换受阻，首先导致吸收根发育不良或大量腐烂，降低古树对养分和水分的吸收能力，并导致高一级的侧根死亡腐烂，进而影响古树树干和树冠干枯死亡。

古树根系虽然深埋地下，难以直观察觉其生活状态，但在无外力损伤的情况下，古树地上枝干及枝叶的健康状态是地下根系状态的反映，树干半腐或部分主枝异常干枯，其对应一侧的地下根系一般是处于受损或死亡腐烂的状态。古树进入衰老期之前，其生长势出现异常，叶色变化，一般是根系土壤环境变化造成根系呼吸受阻所致，因此，古树根系健康状态调查可以根据树冠的各项生长指标进行评估分析，同时查看古树生境的人为改变情况，深埋填土和硬化铺装一定会对古树根系造成重大伤害，必将导致古树生长受阻或慢性死亡。

6.2.6　古树繁殖能力调查

古树繁殖能力调查需要观测开花结实情况，能够正常开花结实并且种子饱满，具有良好的发芽能力，说明古树尚未进入衰老期，通过保护复壮措施的实施可以恢复古树的生长势，促进古树生长发育。

6.3 ｜ 伤病调查

广义的古树伤病包括树体伤病、环境伤病和病虫害。

6.3.1　稳固性评估

古树稳固性评估是对古树生长环境和古树状态的综合评估，包括生境稳固性评估和树体稳固性评估。

地形变迁或建设工程，造成古树生长地点的运动变化、古树生境的不稳固，威胁古树的生存。生境不稳固多出现在滑坡地带、沟河两岸、山区公路内侧以及受工程建设影响的区域。生境不稳固容易造成古树倒伏损毁，需要进行专业的勘测评估，及早实施预防治理。生境不稳固的预防一般采用工程措施，修建护坡、护坎、河堤、挡墙，消除隐患。

古树侧枝稳固支撑／摄影　曾赞青／

　　树体不稳固分为主干不稳固和侧枝不稳固。主干不稳固多由树体重心偏移和树干伤腐造成。侧枝开张角度大、枝丫伤腐老化容易造成侧枝不稳固。树体不稳固需要评估古树倒伏折枝的风险程度，并确定保护方法，一般采用支撑或拉牵施工稳固树体和侧枝。

6.3.2　树体伤病调查

　　树体伤病主要包括干腐、皮损伤、树洞、顶枯、枝枯、断枝、根腐等，应仔细观测现场，详细记录。

　　（1）干腐

　　测量树干腐烂的宽度、深度及长度，并对树干部位进行标注，分析干腐造成的原因。

　　（2）皮损伤

　　记录树皮的损伤部位。测量其宽度和长度，计算损伤面积，分析皮损伤的成因。

古树干腐／摄影　富世文、曾赞青／

古树皮损伤／摄影　廖正平、曾赞青／

（3）树洞

树洞根据其成因分为干腐性树洞、枝腐性树洞、皮伤性树洞和鸟啄性树洞。记录树洞数量和部位，测量树洞大小及深度，确定不同树洞的修补方式和方法。

各种形态的树洞／摄影　廖正平／

（4）顶枯

测量顶梢枯死率，分析主要的胁迫因子。

（5）枝枯

记录枯枝部位、数量，计算侧枝枯死率。

古树顶枯 / 摄影　廖正平 /

古树枝枯 / 摄影　廖正平 /

（6）断枝

记录一级侧枝和二级侧枝断损的数量和部位，包括陈旧性断枝。

（7）根腐

根据古树生境地貌变化情况、硬化铺装、工程建设影响及树冠、树干的健康状态进行评估分析，研判根系腐烂损伤的方位及程度，必要时可以通过专用设备进行探测分析。

古树断枝／摄影　曾赞青／

地貌变化影响古树生长／摄影　廖正平／

6.3.3　根系活力测定

根系活力测定在古树健康诊断过程中是一项较为复杂的工作。为了便于掌握，易于操作，实际工作中一般采用两个根系部位的指标来判定根系的活力状况。

一个指标是吸收根（毛细根）的生活力状态。吸收根的集中分布区在树冠投影区的外缘，可以通过破土探查观测吸收根的发育数量和健康状态，评估分析古树根系的活力。

另一个可以通过树冠形态指标间接评估根系活力状态。古树根系的活力状态与树冠及树干的健康状态紧密相关。古树地上部分的健康状态是古树根系健康程度的外在反映，这是一个基本规律。

古树的衰老是从根系开始的，地面环境的改变造成根系生长受阻，根系损伤腐烂，限制古树地上部位营养物质和水分的供给分配，影响古树部分器官部位或整体的生命代谢活动，造成古树部分干枯或整株死亡。

6.3.4　有害生物调查

健康生长的古树与周围环境及生物建立了稳定和谐的平衡关系，当古树生境受到干扰破坏，会打破古树微生态系统平衡。古树生长势衰退时，病虫害会乘虚而入，对古树造成威胁。

病虫害调查首先查清古树的病虫害种类，观测古树自身及周围的发生危害情况，并对发生趋势进行预测，同时了解掌握外来入侵生物对古树构成的潜在威胁，并制订相应的防范保护措施。

6.4 ｜ 环境伤病调查

改变古树原生境状态、挤占古树生存空间、破坏古树生长条件的行为称为古树的环境伤病，常见的包括构筑物挤占古树生长生活空间、古树根系地面填土深埋、地面硬化铺装、伴生植物竞争性阻碍、人为活动踩踏、有毒有害物质伤害等。环境伤病与树体伤病的发生具有因果关系，生境改变或破坏对古树的生存会构成严重伤害，造成古树未老先衰，加速古树衰亡。环境伤病致古树生命体征濒危的，其救护复壮的根本举措是恢复古树的原生境状态，最大可能地拆除或清除构筑物、覆土层、硬化铺装物及竞争性植物。

6.4.1 生存空间调查

古树的健康生长需要有基本的生存空间，包括树冠生长空间、土壤环境空间和根系分布空间。在未受人类活动干扰的区域生长的古树已与立地环境建立了稳定的古树微生态系统，生存空间基本未受到干扰破坏，处于最理想的原生境状态。

进入21世纪的今天，人类的足迹无处不在，人类生产活动对古树生存生长的干扰程度前所未有，在城镇建设、道路施工、旧城改造、景区开发、古迹整修过程中存在严重的建设性破坏或保护性破坏，人们丢弃了先民的生态智慧，更缺少先辈的生态自觉，在人类活动密集区生长的古树经历着生存环境灾难性的改变。

（1）树冠生长空间调查

古树树冠生长空间包括树冠伸展空间和采光空间。树冠伸展空间一般按冠幅的15倍来计算，调查记录空间范围内的构筑物与树冠枝梢的距离及对古树生长的影响程度。采光空间记录树冠周围影响阳光照射的建筑物及其方位。

（2）土壤环境空间调查

调查古树树冠投影区域内的地面建筑物的所占面积、高度和建筑物类型，包括房屋、临时建筑物、堆放物、围栏等。古树根系区应以维护原生境状态为原则，侵占古树地面空间的，原则上应该拆除或清除构筑物，恢复古树的生境原貌。

古树根系分布空间调查 / 摄影　富世文、廖正平 /

（3）根系分布空间调查

调查古树根系分布区域内有无管网埋设、暗沟、地下掩体、地下开挖等行为，详细记录施工年份和地下空间占用的走向、深度和范围。

6.4.2　建设性破坏调查

改变古树原生境状态的建设行为，对古树的生长、生存构成损害性影响，称为建设性破坏，常见的有基础开挖、填土深埋，硬化铺装等。

（1）基础开挖

在房屋建设、道路施工、景区开发过程中应避免占用开挖古树根系分布空间，无法避让需要部分占用的，应聘请专业人员编制古树施工影响保护方案，经相关部门审批后，严格按保护方案组织施工。

基础开挖调查需掌握工程建设对古树根系分布空间开挖的面积、深度及施工年度，评估分析对古树生长造成的影响。

（2）填土深埋

古树周围填土深埋，影响古树根系呼吸和水肥气热的供给，掩埋超过一定深度，会致古树慢性或快速死亡。为了整理地面、微地形改造，填土深埋古树在景区建设、城市改造过程中比较常见。例如，轩辕庙古树群在20世纪90年代为了景区开发，对以黄帝手植柏为代表的古柏群生长地进行了地形平整，填土深埋超过120厘米，并在填土层上浇筑了超过20厘米的混凝土层，地上全封铺砖，导致生长势迅速衰退。古柏历经5000年风霜雪雨，依然生机盎然，却在短短的二十年间生长急剧衰退，冠枯枝损，趋于濒危。2023年6月，已制订"一树一策"救护复壮施工方案，破拆地面硬化，清理掩埋土层，尽可能地恢复古柏生境原貌。

（3）硬化铺装

古树根系分布区大面积的硬化铺装，会破坏古树根系的水气交换环境，导致根系腐烂死亡，对古树的危害是致命的。

地面改造影响古树生长／摄影　廖正平

在古树健康诊断调查过程中，应详细测量记录硬化铺装的时间、材料、面积、厚度，以恢复古树原地貌状况为原则，尽可能地拆除硬化铺装物，恢复古树的原生境状态。

地面硬化致古树衰亡 / 摄影　廖正平 /

6.4.3　保护性伤害评估

保护性伤害是指保护措施不当对古树造成的损伤，包括培土施肥、树池安装、围栏布设、支撑安装、树洞填补、皮损修复等。

（1）培土施肥

正常生长的古树一般不需要进行培土、浇水等养护措施，不科学的培土施肥会破坏古树生境水气交换平衡。只有当古树在外因作用根系暴露时方可进行培土养护，要求深度适宜，土壤性状良好。

（2）树池安装

树池过高，深埋古树。

（3）围栏布设

石材围栏，阻碍雨水汇集。

（4）支撑安装

支撑或树箍嵌入树体。

树池设置不当 / 摄影　左：曾赞青　右：富世文 /

石材围栏，阻碍雨水汇集 / 摄影　富世文 /

（5）树洞填补

水泥、化学等腐蚀性材料填充树体。

（6）皮损修复

修复方式不合理，使用有害修复材料性，产生二次伤害。

树箍嵌入树体 / 摄影　廖正平 /

水泥封堵树洞 / 摄影　曾赞青 /

树皮修复不规范 / 摄影　廖正平 /

6.4.4　人为活动调查

古树周围高密度的人为活动干扰，会破坏古树生境，使土壤板结、性状恶化，古树周围树冠投影区的土地原则上禁止人员进入。

调查记录古树有无防护围栏、防护围栏设置是否规范合理，人为踩踏造成土壤的板结程度，为防护围栏设置、土壤改良提供依据。

围栏防护范围过小
/ 摄影　廖正平 /

第 7 章

古树救护
复壮技术

古树的救护复壮措施是建立在古树健康诊断的基础上，需要在众多的影响因子中找准关键影响因子有针对性地进行调控治理，协调古树微生态系统平衡，维护古树正常生理机能。救护复壮要从立地环境治理和树体伤病修复两方面入手，综合治理改善古树生存环境，精准救护修复古树伤病。

北京市景山公园二将军柏 / 摄影　曾赞青 /

7.1　修复材料选择

古树伤病修复材料包括填充修补材料和防腐修复材料。封堵树洞和髹涂防腐材料的选择应满足环境友好、与树体亲和力强、无毒无腐蚀、防雨水渗漏、抗菌防虫、抗风化、保护期长的性能要求。不推荐

陕西省洛南县页山大古柏 / 摄影　廖正平 /

使用泥土、水泥、化学发泡剂等材料进行填充修复，这类材料难以达到理想的修复保护效果。

树洞填充修补材料一般选用不饱和聚酯树脂或熟石膏粉，并添加对应的防腐稳固剂，这类材料具有灰质细腻、易刮涂、易填平、易打磨、干燥速度快、附着力强、硬度高、不易划伤、柔韧性好、耐热、不易开裂起泡、施工周期短的特点。

防腐材料一般选用桐油和生漆，添加适量的辅助剂。

桐油是一种优良的带干性植物油，具有干燥快、比重轻、光泽度好、附着力强、耐热、耐酸、耐碱、防腐、防水的特性。

生漆是天然植物涂料，被誉为"涂料之王"，具有耐腐、耐磨、耐酸、耐溶剂、耐热、抗紫外线、抗风化、隔水、绝缘性好、富有光泽等特性。生漆的漆膜耐久性，早已从出土的文物证实，如1972年湖南长沙马王堆出土的西汉棺木和漆器距今已有2000多年，其漆膜却鲜艳完整，充分证明生漆漆膜耐水、耐潮湿。耐化学试剂腐蚀能力优良的生漆漆膜耐酸、耐盐、耐油、耐有机溶剂等性能十分突出，是优良的耐腐蚀涂料。生漆的漆膜耐磨，可以抛光，这是由生漆中漆酚的结构所决定的，由于漆酚含有苯核，刚性好，硬度高，因此耐磨。漆酚的分子结构很稳定，具有抗风化性能。

7.2　树体伤病修复

古树在漫长的历史岁月中，因自然伤害和人类活动影响，存在不同程度的损伤，特别是大龄古树树体伤病更为严重。常见的树体伤病包括稳固性降低、树干腐朽、树洞、树皮损伤、枯梢断枝等。

7.2.1　古树稳固方法

古树的不稳固状态分立地环境不稳固和树体不稳固。

（1）立地环境不稳固

立地环境不稳固常出现在公路、河沟两旁及易滑地段，治理的方式一般采用修建护坡、护坎、挡墙和防护堤，必要时对古树树体进行加固支撑。

采取以上工程措施加固古树生长地基时，尽量避免伤及古树根系，施工过程中需对地质情况进行监测，防止因施工造成地基垮塌，伤及古树及人身安全。

（2）树体不稳固

树体不稳固分树干主体不稳固和侧枝不稳固。古树重心偏移、树干腐朽等会造成古树主体不稳固。一般采用支撑和拉牵的方式稳固树体。支撑物采用钢管立柱，外层挂网做仿生工艺处理，可防止钢管材料氧化并与古树环境相协调。拉牵材料采用抗氧化钢绳。支撑物和拉牵绳与树体接触部位采用可调节的半月形金属环，金属环与古树接触部位

古树树体不稳固（上）/摄影　富世文/
立地生境不稳固（下）/摄影　廖正平/

采用橡胶软垫隔开。后期应定期检查金属环伴随古树生长对皮层的阻碍影响，发现金属环有嵌入树体的趋势，应及时松环加垫，防止支撑物损伤古树。

侧枝不稳固时，一般在侧枝下方选择合适的部位直立设置支撑柱。侧枝较小，在不伤及受力枝的情况下，也可通过主干拉牵的方式提升侧枝的稳固性。

拉牵绳在固定物安全的前提下，可借助其他构筑物或岩石。无承接物的，应设立固定基础，固定基础设立避免伤及根系，并牢固可靠。

7.2.2　古树腐朽防治

古树腐朽的发生与古树的立地环境变化和伤病密切相关。当古树受伤时，木腐菌从受伤部位、死枝部位和根部侵入树体，树木的自卫反应不足以抵抗木腐菌的侵害，环境伤害导致古树生长势衰退，进而加速了腐朽部位的侵害程度。根部腐朽会导致地上对应方位枝干干枯死亡，古树生长急速衰退。树体主干腐朽会形成空腐性树槽或树洞，影响古树的稳固性和生长发育。

古树腐朽的防治原则应以预防为主，及时进行科学修复。首先，减少对古树生长环境的干扰，特别是对古树根系的干扰破坏，维护根系健康发育。其次，应尽量避免古树树干的人为损伤，当古树发生意外损伤时，应及时进行防腐修护。最后，对已产生的古树腐朽部位进行清腐、防虫、杀菌并进行防腐修复。

7.2.3　树洞防腐填补

因腐朽、断枝、树皮损伤、鸟啄形成的树洞，如不及时修复，会加速树体中空，扩大腐朽面积，严重危害古树的生长。

树洞修复的目的是阻断病菌及虫害继续危害树体，促进古树伤口愈合生长。在修复材料的选择上应满足环境友好、抗菌防虫、防水抗

古树树洞填补修复
/ 摄影　廖正平 /

风化，并与古树有良好亲和性的性能要求。陕西省林业科学院古树名木保护研究创新团队研发的树洞专用填充剂和专用防腐涂料完全满足了上述性能需求，并且防护有效期长，与传统的水泥、合成树胶、聚氨酯发泡剂等材料相比，性能更为优越，已在北京、陕西等地大面积推广应用，效果良好。

树洞修补根据树洞发生的部位、损伤面积、损伤深度，一般采用三种方式进行修补，分别是开放式、填充式和中空封闭式。

（1）开放式

这种方式修补的树洞一般在古树的主干部位，表现为树洞过大，又形成较大的中空型树洞，树体腐朽边沿已形成愈伤体，具有一定的景观或科研价值，一般采用开放式修补法。

开放式修补树洞，先是对树洞内部的腐烂木质部进行彻底清理，清除腐木及堆积物，对清创木质部进行抗菌防虫处理，然后用古树防腐专用填充剂进行抹平修补，最后用古树专用防腐涂料进行涂刷。开放式修补树洞需要对树洞顶部和底部进行填充防护修补处理，防止腐朽向上部或基部发展。

（2）填充式

对于因局部创伤、断枝未愈、鸟啄兽害等原因形成的小型浅表性树洞，一般采用填充式修补。

修补的方法是清除树洞内朽木和堆积物，杀菌灭虫，然后用古树专用填充材料进行填补，填充高度应略低于树木皮层，最后用古树专用防腐涂料进行全封防渗透处理。填充式修补树洞应注意留够树木皮层愈合空间，并密封洞口，防止水渗及病菌入侵，造成古树腐朽范围进一步扩大。

（3）中空封闭式

对于开口狭长且腐烂中空的树洞，以及圆口深腐型树洞，一般采用中空封闭式方法修补。这种类型的树洞一般伤口狭小，但腐朽已导致枝干中空，从外部难以全部清理中空腐朽部位。

采用中空封闭式修补树洞的方法步骤为：在树洞开口部位的木质部布设网状支撑物，在网状支撑物上用古树专用填充材料进行刮底填充抹平，填充工艺必须达到防渗漏程度，以阻断外界与内部的水汽交换，最后用古树专用防腐涂料进行涂刷保护。

中空封闭式修补树洞，伤口修补层应略低于古树皮层，便于古树生长愈合。根据景观需要，可以在树洞封堵修补面进行仿生工艺处理。

7.2.4 树皮损伤防腐修复

古树树皮损伤形成的原因较多，从成因方面来看可分为内因型和外因型。内因型皮损伤主要由根损伤和古树自身衰老所致。外因型皮损伤由外力的破坏性作用所致，包括雷击、日灼、人为伤害、鸟兽危害、病虫害侵染等。

古树皮损伤表现为树皮细胞组织坏死或树皮剥落，不及时进行防腐修复，会加速损伤部位木质部的腐朽，最终形成树洞。树皮损伤修复的目的是防止损伤面积蔓延扩大，保护皮伤部位木质部，促进伤口愈合。

古树皮损伤根据发生时间的早晚，分为陈旧性皮损伤和突发性皮

古树防腐修复/摄影　廖正平/

损伤。陈旧性皮损伤部位的树皮组织和韧皮部已死亡干枯，外层木质部已失水干化。多由树体自身原因或外力伤害未及时保护修复所致。突发性皮损伤是古树遭受自然或人为突发意外伤害所形成的局部树皮破损，树皮组织、韧皮部和木质部具有细胞活性，救护及时可快速促进伤口愈合，减小对树体的进一步伤害。

陈旧性皮损伤的修复与树洞修补的原理基本相似。首先是清除坏死树皮及腐烂木质部，清理范围达到存活树皮边缘，注意不要伤及活的树木组织，清理完成后，进行杀菌处理；再根据需要适当进行填充防腐；最后用古树专用防腐涂料涂刷，建立防水抗菌防虫保护层。根据景观效果的需要，可在修复部位进行仿树皮或仿木纹处理。

突发性皮损伤的救护修复要求在损伤发生24小时内进行。损伤树皮可以复位的，救护方法是复位包扎，同时进行防水抗菌处理；损伤树皮呈粉碎状，树皮难

古树树洞仿生修补 / 摄影　廖正平 /

以复位的，修复方法是清理受损部位，进行消毒抗菌处理后直接涂刷古树专用防腐剂，突发皮损伤的及时救护修复可大大减轻树皮损坏对古树健康产生的影响。

7.2.5　枯枝疏截

古树根系受损、树皮损伤以及进入衰老期的古树会形成局部树枝枯死，枯死的古树侧枝会消耗古树体内水分，成为病虫害寄主，对古树健康与复壮造成不利影响，同时在人们活动密集的区域，古树枯枝也存在安全隐患。

需要枯枝疏截清理的古树种类一般是阔叶树种古树或部分针叶类古树，柏类以及树体含油性树脂成分的古树枯枝一般不进行疏截清理。

柏木类古树枯死枝体内含油脂，不易风化腐烂，保留枯枝可留住古树神韵，具有一定的美学景观价值。

古树枯枝修整 / 摄影　富世文 /

对于需要进行枯枝疏截清理的古树枯枝及时疏截作业，可以调节古树营养平衡，促进古树生长势恢复，减少病虫危害。枯枝疏截清理的对象是古树的枯死枝或濒死枝，采用手锯或油锯进行作业，要特别注意人身安全，树上作业时必须佩戴安全绳和安全帽，同时要注意枯枝下落时损害健康树枝和古树枝干。截取枯枝时要求留存在古树树体上的截面平整，并进行截面伤口防水防腐涂刷处理。如果枯枝截断后，截面出现中空型树洞，需要进行填补修复，防止水渗入主干和病虫侵入，避免古树受进一步的伤害。

7.3 | 根系复壮

根系是古树生存的基础，一般来讲古树地上部分的健康状态是古树根系健康程度的外在反映，"树大根深"就是这个含义。绝大多数古树在未进入自然衰老期之前出现的衰老或死亡，是由根系受到损伤或

根系分布区的环境被改变造成的，维护古树的根系健康状态，最行之
有效的措施就是保持古树生长地最原始的生境状态，而在现实的古树
保护管理工作中，这个最基本的生态智慧和生态学常识常常被忽视。
大量的古树周围人为进行了地形造景和硬化铺装，对古树生存造成的
危害十分严重。同时大量的人为活动踩踏，使古树根系土壤环境改
变，土壤恶化，严重影响古树健康生长。

7.3.1　建筑物拆除

古树保护管理的相关法规规定，禁止在古树名木树冠垂直投影区
及投影外5米范围内进行建筑施工、硬化地面、挖坑取土，动用明火、
排放烟气、倾倒污水垃圾、堆放易燃物、堆放倾倒有毒有害物品等。
在荒野和村庄分布的大龄古树，常被地方群众奉为祖灵，在古树禁建
区内建立庙宇，设立火灶，建立灶台香炉。旅游景区和文物古迹区分
布的古树，在法定禁建区内存在的违建物也十分普遍。上述建筑物在
古树根系分布区内长时间存在，会导致建筑物下方的根系缺氧窒息，
死亡腐烂。在古树根系保护复壮工作中，应尽可能地及早拆除违规建
筑物，恢复古树的生境原貌。

7.3.2　填土深埋层开挖清运

古树根系分布区填土深埋厚度超过一定的阈值时，会造成古树慢

古树深埋土层清挖／摄影　廖正平／

性死亡。古树生境若发生填土改变古树地形地貌的，应密切观测古树的生长势变化情况，一旦出现异常表现需立即开挖清运填土层，尽可能地恢复原地形状态。例如，轩辕庙古柏群在近20年内生长势的急剧衰退、北京市西城区教育研修院院门内左侧四株古柏死亡、西安市兴庆宫公园内雪松大面积死亡都与深埋填土有直接关系。

7.3.3　硬化铺装拆除

在城市公共设施区域、机关院落、文物古迹地带、宗教寺庙场所、旅游景区等地，为满足设施条件、美化局部环境，在古树周围地面进行硬化铺装比较常见，有的地方填土深埋后又进行硬化铺装，这属于建设性破坏，对古树的危害是致命的。硬化铺装严重破坏古树根系的生长环境，伤害古树生长根基，必须进行全部或局部拆除，改善根系土壤的透气性。在古树地面硬化铺装拆除过程中应注意避免损伤根系，不可动用大型机械，拆除的硬化铺装物清运彻底，并根据需要对土壤进行改良。

在部分特殊区域，古树填土深埋开挖清运、硬化铺装拆除后，确因功能性需求和交通组织无法避开古树地面保护区域的，可用挑空廊道代替功能性铺装，既兼顾了古树保护的规

古树地面硬化铺装拆除 / 摄影　廖正平 /

范性要求，同时满足了生产生活的功能性需求。

7.3.4　土壤改良

土壤改良是促进古树根系复壮最有效的措施之一。在古树地面填埋清运，地面硬化铺装拆除以及建筑物拆除后，需要对土壤的理化性质进行调节改良。同时，因人为长期踩踏，土壤板结硬化，土壤透气性降低，性状恶化，需要适时进行松土改良。

土壤改良的目的是调整土壤质地，改善土壤结构，提高土壤通透性，增强土壤水肥气热的协调供给能力。土壤改良一般以松土、换土、客土换填、有机质加入、pH值调节相结合的方式进行，优化土壤理化性质，改善根系生长环境，促进根系复壮。

7.3.5　水肥管理

生境未受人为干扰而正常生长的古树，无须进行水肥的人为干预，古树在长期的选择和适应过程中，建立了与自然平衡、协调、稳定的依存关系，土壤的水肥条件能满足古树的生存需求。

当古树土壤环境被干扰，生长势明显衰退时，在健康诊断的基础上消除影响因子，可适度进行古树的施肥复壮。

古树施肥复壮可与土壤改良结合实施，也可以专门进行施肥作业。结合土壤改良施肥时，松土后，将肥料均匀拌入根系表土层，并进行适度覆盖。单独施肥作业时，开挖深度适宜的条形沟或环状沟，将肥料拌入土中回填即可，可进行年度轮换开沟直到全覆盖。

古树施肥以增施腐熟完全的有机肥为主，用量适度。根据需要也可在改土或开挖施肥过程中，加入少量化学复合肥，以快速增强树木生长势。

古树施肥的部位应以树冠垂直投影区边沿以内2米区域为重点，向内适度延伸，这个区域是古树吸收根（毛细根）分布最多的区域，有利于根系快速吸收，增强施肥效果。

除特殊情况外，禁止给古树根系进行补水作业。在极端干旱天气下，确需对古树根系补水的，需适量适度，并密切观察古树的生理反应。

7.4 | 环境调控治理

古树生境调控治理的目的是消除影响古树生长生存的干扰物或破坏性设施，尽可能地保障古树有足够的生长空间，恢复古树所需的自然生境状态。在没有人为活动干扰的荒野、森林里生长的古树，环境治理的重点是合理伐除影响古树采光、树冠扩展的伴生乔木以及有竞争关系的攀附藤本植物。在人类生产活动频繁的区域，古树周围有破坏性设施或建筑物的，应尽可能地清除构筑物。

古树附近建筑物拆除 / 摄影　曾赞青 /

7.4.1　空间环境调控

古树空间环境管理的重点是保障树冠必要的生长空间和光照需求，在实际的古树保护管理工作中包括下列情形。

一是有建筑物或遮挡物阻碍树冠生长的，在条件允许的情况下应尽可能地拆除建筑物或遮挡物。

二是古树周围自然生长或栽种的高大乔木影响古树生长和光照的，应尽可能地伐除或移除。

三是攀附在古树上的高大藤本植物，无论是自然生长还是人工栽种的，必须连根清除。

藤本植物绞杀古树 / 摄影　陈艳 /

伴生乔木和攀附藤本植物不仅阻碍古树树冠生长，也与古树在光、热、水、肥等因子的分配供给上形成争夺关系，严重时会造成古树生长衰退或死亡。这类案例比较常见，如陕西轩辕庙在公园开发建设的绿化美化过程中，在古柏群中间栽种了雪松，到2022年雪松的高度已经超过周围的古柏，对古柏的生存构成威胁；在北京市西城区教育培训学院的校区里和国家信访局院内，十余株近千年的古柏，被人工种植的观赏藤本植物的藤蔓覆盖，树冠光合作用受阻，古柏失去生理机能而死。

古树生存空间整治 / 摄影　富世文 /

7.4.2 地面环境治理

古树地面环境管控治理除禁止建筑施工、填土深埋、硬化铺装外，在日常养护管理中还包括禁止挖坑取土，倾倒污水垃圾，堆放易燃物及有毒有害物品，同时禁止除养护管理工作以外的人为踩踏。为有效防范上述行为的发生，按照相关法规规定，在人为活动频繁的场所生长的古树应规范设置防护围栏。围栏保护的范围不低于树冠垂直投影区的面积，围栏高度应满足防护性要求。

7.4.3 地下环境管控

古树生境的地下土层区是根系分布生长空间，保护范围应不小于树冠投影面积的1.5倍，避免在此区域范围内开挖取土、铺设管道、构筑掩体、修筑沟渠。对以往存在的上述行为，应评估其对古树生存的危害程度，尽可能地进行整改治理，无法整改的，应采取相应的保护措施，以降低对古树根系生长的影响。

古树生存空间整治／摄影　富世文／

第 8 章

古树名木
有害生物防控

古树名木历经千百年的风雨洗礼，能够留存至今，弥足珍贵。近年来，随着人类活动、环境和全球气候的变化，古树名木的健康状况受到了威胁，其中有害生物是重要的影响因子之一。由于许多古树名木没有专人看护，遭受有害生物危害时未能及时得到救治，特别是一些长势衰弱的古树名木更容易受到钻蛀类害虫，如白蚁的危害。目前，在古树名木有害生物防控方面还未形成一套切实有效的技术方案和复壮养护技术标准。

鉴于部分古树名木长期受有害生物的危害，生长势衰弱，严重影响其观赏、科研和人文价值的状况，相关部门在开展林业有害生物普查的同时，应组织各级林业部门专业技术人员，对全国范围内的古树名木有害生物情况进行专项调研。通过调查一、二级古树名木受有害生物危害的情况，了解有害生物种类和危害程度，在分析古树名木病虫害的发生特点、原因的基础上，结合古树名木的树龄、生长势等情况，评估其健康程度，提出针对性的防治和保护建议，以期为古树名木保护及有害生物防控提供参考。

8.1　古树名木有害生物种类

8.1.1　病害

古树名木病害主要包括炭疽病、根腐病、膏药病、枝枯病、木腐病、煤污病、白粉病、腐朽病（基部空心）、基腐病、溃疡病、白腐病、丛枝病、茎腐病（中空）、毛毡病、赤斑病、叶斑病、黑斑病、褐斑病、角斑病、叶枯病、黄化病、烂皮病、松瘤锈病、锈病、枯梢病、赤枯病等。

8.1.2　虫害

古树名木虫害主要包括黑翅土白蚁、黄翅大白蚁、臭蚁、八点广翅蜡蝉、白痣广翅蜡蝉、透明疏广翅蜡蝉、碧蛾蜡蝉、叶蝉、寒蝉、蚱蝉、苦槠棉蚜、樟白轮盾蚧、红园盾蚧、龟蜡蚧、红蜡蚧、矢尖蚧、棉蚧、樟叶个木虱、榕木虱、刺粉虱、硕蝽、樟脊冠网蝽、樟颈曼盲蝽、茶袋蛾、大袋蛾、小袋蛾、丽绿刺蛾、绿刺蛾、迹斑绿刺蛾、褐边绿刺蛾、褐边黄刺蛾、桑褐刺蛾、青刺蛾、樟巢螟、缀叶丛螟、樟梢卷叶蛾、大丽卷叶蛾、龙眼裳卷叶蛾、樟翠尺蛾、木撩尺蛾、尾尺蛾、樟青凤蝶、玉带凤蝶、鬼脸天蛾、蓝目天蛾、重阳木锦斑蛾、锦斑蛾、银杏大蚕蛾、绿尾大蚕蛾、榕树灰白蚕蛾、樗蚕、樟蚕、梓蚕、天幕毛虫、马尾松毛虫、木毒蛾、茶黄毒蛾、樟细蛾、箩纹蛾、尾叶蛾、透翅蛾、三斑联苔蛾、星天牛、桑天牛、刺角天牛、松瘤象、灰象甲、绿缘扁角叶甲、蓝翅瓢萤叶甲、十星瓢萤叶甲、宽缘瓢萤叶甲、樟萤叶甲、大端黑萤、黑额光叶甲、蓝跳甲、枫香蓝跳甲、菱斑食植瓢虫、黄带臀花金龟、长四拟叩甲、负泥虫、樟叶蜂、瘿蜂、樟蓟马、食叶蚤、叶螨及潜叶蝇等。

8.1.3　附生植物

除病虫危害外，古树名木还受到其他寄生植物、人为和自然灾害等的侵害。其中，寄生植物主要包括菟丝子、薜荔、蕨类、紫藤、爬山虎、扶若藤、苔藓、槲蕨、桑寄生、地衣、络石、栗寄生、瘤果寄生、腐果寄生、五爪藤、兰花草、麻楝寄生、无根藤、珍珠莲、小叶榕、鸡血藤及无花果等。

8.2 病害防控

8.2.1 国槐

1．国槐瘤锈病

（1）发病特征

该病主要发生在枝条上，叶片和叶柄亦可受害。感病枝条病部形成纺锤形的瘿瘤，表面粗糙，密布纵裂纹，秋天在裂纹中散生大量黑色粉状物，为病原菌的冬孢子堆。发病重的植株，树冠枝叶稀疏，明显影响生长。染病叶片的叶背和叶脉、叶柄等处产生黄褐色粉状的夏孢子堆和黑色粉状的冬孢子堆。在叶正面褪色的病斑上曾发现有蜜黄色小点状的性孢子器。

（2）发生规律

该病害病原菌为茎单孢锈菌，主要侵害国槐树干及枝条。受到该病害侵袭后，染病枝条会逐渐生出瘿瘤，初期瘿瘤较小，呈纺锤状，瘤体表面较为粗糙，颜色较深。随病情发展，受害枝条逐渐枯死，且在一段时间内可造成多枝条染病。病害持续发展将导致树冠枝叶减少。受害部位普遍接近树干基部，多数形成单个瘤体，偶见个别受害树干存在两三个瘤体。该病原菌有冬孢子形态和夏孢子形态，在瘤内可存活多年，孢子可随风雨传播。根据发病日期不同，瘤锈病产生的孢子也不同，几乎所有瘿瘤都可产生冬孢子，夏秋季病部产生夏孢子和冬孢子。因此，该病害可于春、秋、夏三季发病。

（3）防治措施

3月上旬发病前可用1∶1∶100的波尔多液喷洒枝干部位，或用50%退菌特500倍液，1周喷洒1次，连续喷数次，效果良好。用50%甲基托布津可湿性粉剂500倍液或20%三唑酮500倍液喷洒或涂抹枝干，效果良好。7—8月发现病瘤要及时剪除，然后烧毁。涂抹药剂治疗：先将病斑表皮用刀片刮去，然后对整个树干涂抹50倍液的福美砷。5—8月，每月涂抹一次，效果更佳。

2．国槐腐烂病

（1）发病特征

腐烂病的病原菌可分为小穴壳菌型和镰刀菌型两种。小穴壳菌型腐烂病病斑初期呈黄褐色，呈近圆形，后逐渐扩大呈椭圆形，病斑边缘呈紫红色或紫黑色。后期病部形成许多小黑点，逐渐干枯下陷或开裂，呈溃疡状，但病斑周围很少产生愈伤组织，因此次年仍有复发现象。镰刀菌型腐烂病病斑初期呈浅黄褐色，近圆形，逐渐发展为梭形。较大的病斑中央稍下陷、软腐，有酒糟味，呈典型的湿腐状。病斑可环割主干，使上部枝条枯死，后期病斑中央出现橘红色分生孢子堆。国槐感染镰刀菌型腐烂病后，如果病斑没有环割树干，则当年可愈合，以后一般不会复发，如果病斑当年愈合不好，则第二年可从老病斑处向四周继续扩散。

（2）发生规律

镰刀菌型腐烂病在3月初开始发生，3月中旬至4月末为发病盛期，断枝、被修剪的枝条会在腐烂病发生后开始溃烂，同时在切口周边产生橘色病斑，随后逐渐变化成米黄色。在5—6月后，患有腐烂病的国槐病枝会分生出孢子座，有效处理后于6—7月病斑周围会长出愈合组织。小穴壳菌型腐烂病发病稍晚，子实体出现后当年虽不再扩展，但次年仍能继续发展。

（3）防治措施

预防国槐腐烂病时，应在春、秋季，在国槐主干、带有切口区域涂抹适量的波尔多液或保护剂，阻止病菌侵入，也具有防病、防晒、防虫的作用。保护剂类型较多，比较常见的有以生石灰为主的涂白剂及树木伤口愈合膏等。治理国槐腐烂病时，应在该病害发病初期及时划破、刮除病皮，用1∶10浓碱水，200倍退菌特或代森锌，或2.12%腐烂净乳油原液，每平方米200克涂病部病斑或用30倍托布津涂抹，对树干可喷洒300倍50%退菌特或70%甲基托布津。也可将抑霉唑膏剂、腐烂净化乳油涂抹在国槐病灶部位。避免树干其他区域染病，需交替使用甲基托布津、甲基硫菌灵等可湿性粉剂防治腐烂病害，1周喷洒1次，连喷3次。

3. 国槐白粉病

（1）发病特征

该病是一种由半知菌类粉孢霉感染引发的病害，主要侵害国槐叶片，嫩梢芽也可遭受危害。发病初期，发病叶片上出现淡绿色病斑，仔细观察可发现病斑发白。随着病情发展，发病叶片上开始出现絮状霉粉，且病斑覆盖范围逐渐扩大，最终病斑覆盖全叶甚至累及周边叶片。

（2）发生规律

该病害主要是分生孢子及霉菌菌核附着于叶片所致，病原菌在发病前一年冬季前存于被寄生植物上，越冬后在气温及其他条件适宜时开始为害。据统计，国槐白粉病自春末到秋末均可发病，高发于5—6月、8—10月，9—10月发病最为严重。

（3）防治措施

该病害病原菌主要存在于国槐树的枯枝及枯叶上。因此，应在落叶季清理枯枝及枯叶，尤其应注意清理既往发生过白粉病病害的国槐的枯枝、枯叶，并采取换区域深埋等方式进行无害化处理。国槐患有白粉病后，及时修剪发病枝条，并及时处理病枝，发病初期喷洒0.2～0.3玻美度石硫合剂，每半个月一次，坚持喷洒2～3次，炎夏可改用1%波尔多液。最后，采用药物防治手段时，应在白粉病流行季节，喷洒50%多菌灵可湿性粉剂1000倍液，50%甲基托布津可湿性粉剂800倍液，50%退菌特可湿性粉剂600倍液，50%莱特可湿性粉剂1000倍液或者15%粉锈宁800倍液喷施。

8.2.2　侧柏

侧柏叶枯病

（1）发病特征

侧柏叶枯病为侧柏的一种主要病害。为害严重时可造成大片侧柏树叶凋枯，似火烧状。树势严重衰弱，易招致次期害虫柏树双条杉天牛和侧柏小蠹等危害，加速树木的死亡。

（2）发生规律

该菌在病叶上过冬，次年4月开始活动，5月开始先从树冠下部叶子侵染，得病初期叶子出现黄斑，逐渐扩大，使整枝柏叶变黄，最后变成黄褐色。6月病叶上出现黑点，即病菌的繁殖器官，并放出孢子进行再传染。如果树林较密，林中湿度较大，温度适合，就大量传播侵染，造成病害大流行，以6—7月发病最严重。在密林中往往有一个发病中心，逐渐往外蔓延成片，严重时似火烧状，病叶大批脱落，常从树干树枝上又萌发出一丛丛新叶，人们叫它"树胡子"。

（3）防治措施

秋、冬季清扫树下病叶烧毁。消灭过冬病菌，减少第一次侵入。在5—8月，每两周喷1次1∶1∶100的波尔多液预防，特别注意严格控制初侵染，发现初侵染发病中心，要进行封锁，防止蔓延。过密的柏树林要适当进行疏伐，使林内通风透光，减少发病条件。

8.2.3　皂荚

1．炭疽病

（1）发病特征

主要发生在叶片，也能危害茎。叶片上病斑近圆形或不规则形，灰白色至灰褐色，边缘暗褐色，正面密生小黑点。严重时病斑连接成不规则形状，发病严重时能引起叶枯。茎、叶柄和花梗感病形成长条形病斑。秋季生长在潮湿地段上的植株发病严重。

（2）防治措施

将病株残体彻底清除并集中销毁，减少侵染源；加强管理，保持良好的透光通风条件；发病期间可喷施1∶1∶100波尔多液，或50%甲基托布津可湿性粉剂500～600倍液，或50%多菌灵500～600倍液，或65%代森锌可湿性粉剂600～800倍液。

2．白粉病

（1）发病特征

白粉病是一种真菌性病害，主要危害植株新叶嫩梢、花芽及花蕾。发病时，嫩叶扭曲、皱缩，密被一层白粉，逐渐增厚，扩大后呈圆形或不规则形褪色斑块，上面覆盖一层白色粉状霉层，后期白粉状霉层变为灰色。花受害后，表面被覆白粉层。受白粉病侵害的植株会变得矮小，嫩叶扭曲、畸形、枯萎，叶片变小，严重时整个植株死亡。

（2）防治措施

对重病的植株可以在冬季剪除所有当年生枝条并集中烧毁，从而彻底清除病源。加强日常管理，注意增施磷、钾肥，控制氮肥的施用量，以提高植株的抗病性。春季展叶时，发现白粉病危害，立即喷洒25%粉锈宁乳油1000～2000倍液或波美3～4玻美度石硫合剂，生长季节发病时可喷施80%代森锌可湿性粉剂500倍液，或70%甲基托布津1000倍液，或50%多菌灵可湿性粉剂800倍液。

3．褐斑病

（1）发病特征

一种真菌性病害，主要侵害叶片，并且通常是下部叶片开始发病，后逐渐向上部蔓延。发病初期病斑为大小不一的圆形或近圆形，少许呈不规则形；病斑为紫黑色至黑色，边缘颜色较淡。随后病斑颜色加深，呈现黑色或暗黑色，与健康部分分界明显。后期病斑中心颜色转淡，着生灰黑色小霉点。发病严重时，病斑连接成片，整个叶片迅速变黄，并提前脱落。褐斑病一般初夏开始发生，秋季危害严重。在高温多雨，尤其是暴风雨频繁的季节易暴发；通常下层叶片比上层叶片易感染。

（2）防治措施

及早发现，及时清除病枝、病叶，并集中烧毁，以减少病菌来源；加强栽培管理、整形修剪，使植株通风透光；发病初期，可喷洒50%多菌灵可湿性粉剂500倍液，或65%代森锌可湿性粉剂1000倍液，或75%百菌清可湿性粉剂800倍液。

4．煤污病

（1）发病特征

煤污病又名煤烟病，主要侵害叶片和枝条，病害先是在叶片正面沿主脉产生，后逐渐覆盖整个叶面，严重时叶片表面、枝条甚至叶柄上都会布满黑色煤粉状物，这些黑色粉状物会阻塞叶片气孔，妨碍正常的光合作用。

（2）防治措施

对上年发病较为严重的地块，可在春季萌芽前喷洒3～5玻美度的石硫合剂，以消灭越冬病源；对生长期遭受煤污病侵害的植株，可喷洒70%甲基托布津可湿性粉剂1000倍液，或50%多菌灵可湿性粉剂1000倍液，以及77%可杀得可湿性粉剂600倍液等进行防治。

8.2.4 松树

1．松材线虫病

松材线虫病亦称松树萎蔫病或松树枯萎病，主要是由松材线虫侵染引起的，以松墨天牛为传播媒介。松树一旦染病很难治愈，最快的40多天即可枯死，因而被称为松树的"癌症"。

（1）发病特征

1）当年枯死：多数情况下，植株病后，于当年秋即表现全株枯死。在高温干旱时，植株从线虫侵入到枯死只需3个月左右，从开始出现症状到死亡只用30～45天。典型病害症状的出现，大体上可分为4个阶段：①病害初期，植株外观正常，但树脂分泌开始减少；②树脂停止分泌，蒸腾作用减弱，树冠部分针叶失去光泽、变黄，此时，一般能观察到天牛或其他甲虫侵害或产卵的痕迹；③多数针叶变黄，植株开始萎蔫，这时，可以发现甲虫的蛀屑；④整个树冠部针叶由黄色变为褐色或红褐色，全株枯死，针叶当年不落。

2）越年枯死：在温度较低地区，有约10%松树感病后，当年不迅速枯死，而是次年春或初夏才枯死。

3）枝条枯死：在不利发病条件下，植株感病后，在1～2年内，并不表现全株枯死现象。一般仅为树冠上少量枝条枯死，随时间推移，枯死枝条逐渐增多，直至全株。

（2）发生规律

松材线虫病是松树、线虫、天牛和环境条件共同作用的结果，一般病害流行区不仅要具备大量易感病的寄主、虫口密度高的天牛、致病性强的松材线虫，还要有相适宜的环境条件。天牛在春季松树开始生长后羽化，新羽化的天牛成虫飞至健康松树，取食嫩枝补充营养，而天牛体内的松材线虫幼虫，通过气门离开天牛，从天牛造成的伤口侵入健康松枝。线虫侵入树体后蜕变成成虫，取食薄壁细胞，造成树脂分泌减少。天牛在衰弱和死亡的树皮内产卵，把残留在体内的松材线虫带到产卵的地方，并进入树木内部，导致线虫在日趋死亡的松树中群体量倍增，成为第二年的侵染来源。

（3）防治措施

在松材线虫病防治总体要求上，目前采取以清理病死（枯死、濒死）松树为核心措施，以媒介昆虫药剂防治、诱捕器诱杀、打孔注药等为辅助措施的综合防治策略。

1）清除病源（疫木清理）。林内的病死木是松材线虫病主要侵染源，经检测已经被确认为感染松材线虫病的树木急需进行专门的清理，疫木清理既能杀死病死树中的松褐天牛和松材线虫，又对林分进行了清理，是控制侵染源、防止疫情扩散蔓延的重要方法，也是目前最通行有效的措施。

2）切断自然传播途径（媒介昆虫防治）。松材线虫病传播的主要媒介昆虫为松褐天牛，防治松褐天牛对于松材线虫病的治理具有重要的意义。对松褐天牛种群控制，以减少松材线虫的传播媒介，从而达到控制疫情的目的。一般采用诱捕器诱杀、诱木引诱、药剂防治、打孔注药等方法进行治理。

①诱捕器诱杀。在松材线虫病疫情发生林分的中心区域且媒介昆虫虫口密度较高的松林，在媒介昆虫松褐天牛羽化期前设置诱捕器诱捕媒介昆虫松褐天牛，可减少松墨天牛种群数量。

②诱木引诱。在松材线虫病疫情除治小班中心区域内，在媒介昆虫羽化前两个月，选择衰弱或较小的松树作为诱木，根据诱木的大小，使用诱木引诱剂，引诱松褐天牛等媒介昆虫集中在诱木上产卵，待产卵期过后集中除害处理。

③药剂防治。在媒介昆虫天牛成虫羽化初期和第一次喷施药剂的有效期末，连续两次喷施高效低毒、环境友好的缓释型药剂，防治天牛成虫。成片分布的松林采用飞机施药，零散分布的松树采用地面施药。近年我国研究开发了长效缓剂型，先后有21%灭杀毙的微胶囊、DFM-21（溴氰菊酯－倍硫磷）、FFM-20（氰戊菊酯－倍硫磷）微胶囊

以及FEE-30（戊菊酯－倍硫磷）长效乳油等，对大面积发病林分用飞机喷药防治，对零星感病松树进行地面防治。

④打孔注药。采用内吸性杀线虫药剂注射树干，能有效地预防线虫侵入。对古树名木以及公园、景区、寺庙等区域内需要重点保护的松树，可用注射法注入药剂，用15%铁灭克药液注射树干一次，可确保植株当年免受病害的危害，若以5%克线磷根施每株200克，防治效果达75.9%。

2．干腐病

（1）发病特征

干腐病发病初期，其病斑主要呈椭圆形，病情逐渐进站后，会演变成黑褐色且凹陷的带状条纹，不仅会导致油松变黄、枯萎甚至是脱落，如未能进行及时处理，还会对油松根茎产生直接影响，导致整棵油松在短时间内迅速腐烂枯萎。

（2）防治措施

对于干腐病的防治，主要从以下四个方面入手：其一，通过观察发现，在油松生长过程中，干腐病植株主要集中在地势相对低洼的地块，因此预防枯萎病应该保证整地平整、排水方便的地块，并且保证该区域土壤肥力水平。其二，为有效预防干腐病，可铺设地膜，主要目的是为了进一步升高土壤温度，方便及时灭杀导致植株发生枯萎病的病原菌。其三，为有效预防干腐病，可采用化学试剂进行预处理，比如，喷洒铜氨液，或者选用高锰酸钾。同时，要及时将枯叶清除。其四，在干腐病发病初期，确定病变范围后，要先刮除已经带有病害的树皮，然后在木质深处涂抹适量的杀制剂，或者通过喷雾方式给药，杀菌剂主要选择福美胂或者硫合剂。

3．根腐病

（1）发病特征

油松生长过程中，发生根腐后，会影响其长势。之所以比较容易发生根腐病，是因为雨水携带大量病菌，造成油松根部腐烂，如未能及时处理，可导致整株枯死。

（2）防治措施

应特别在多雨季节进行根腐病的防治。可采用40%多硫悬溶剂600倍稀释液进行灌根，或采用喷洒方式。如果发现油松出现枯萎情况，并且高度低于健康植株时，可采用恶霉灵进行喷洒。

4．松针锈病

（1）发病特征

松针锈病，主要危害马尾松、赤松、樟子松、油松、华山松、黑松、红松等松科植物的针叶，病原菌以冬孢子在感病针叶上越冬。翌年4月，锈孢子器成熟后散出锈孢子借风雨传播到一枝黄花等转主寄主，5—6月产生夏孢子堆，散出夏孢子再侵染，秋季形成圆柱形无柄的冬孢子堆，产生冬孢子。发病严重时大量松针脱落。

（2）防治措施

对于松针锈病的防治，主要选用退菌特（1∶100倍液）、波尔多液、0.3～0.5玻美度石硫合剂和1000倍液粉锈宁（浓度15%），每两周喷施1次上述药物，连续喷施3次，即可对松针锈病发挥较好的防治作用。

5．松树流胶病

（1）发病特征

松树流胶病主要是由于主干害虫、机械修建作业等造成伤口后引起的非侵染性病害，在松树生长旺盛的春季发病较为严重。主要症状为枝干表皮开裂，渗漏处有半透明状、橙黄色的黏性液体。

（2）防治措施

可以通过喷施42%咪鲜胺+双胍三辛烷基苯磺酸盐可湿性粉剂750倍液+75%代森锰锌水分散颗粒剂进行喷雾处理，将松树流胶病的发病率降至15%以下。

6．松类煤污病

（1）发病特征

松类煤污病是由多种高等真菌病原孢子引起的，并以蚜虫、粉虱、蓟马和飞虱等昆虫为介质进行传播。据相关调查研究发现，密闭性较强、通风较差、刺吸式口器害虫发生严重的松林发病率较大。

（2）防治措施

可通过喷雾55%丙森锌•醚菌酯水分散粒剂1500倍液+70%甲基硫菌灵1000倍液有效杀灭病原孢子，抑制孢子、菌丝的传播扩散。

7．罗汉松针枯病

（1）发病特征

罗汉松针枯病是由盾壳霉引起的真菌性病害，主要危害松树的松针。田间症状表现为松针出现边缘褐色，中间灰色的半圆形或椭圆形病斑，病斑宽度为0.2～0.3厘米，长度为0.6～1.8厘米，病斑上散布有黑色小点。

（2）防治措施

推荐防治药剂为25%代森锰锌•戊唑醇悬浮剂，按照1500倍液叶面喷雾，同时配合250克/升吡唑醚菌酯乳油1000倍液进行叶面喷雾，可以对罗汉松针枯病进行有效的预防和治疗。

8．松树枯梢病

（1）发病特征

松树枯梢病，又称烂皮病，主要危害樟子松、黑松、油松、赤松、杜松、马尾松等松科植物枝干的皮层部分，病原菌以菌丝体或分生孢子器在树皮内或针叶、球果上越冬。秋季侵染后，翌年3月嫩梢流出淡蓝色松脂，始现枯萎，4月中旬病部产生椭圆形突起的囊盘，6月囊盘成熟，7—8月子囊孢子随风雨传播。

（2）防治措施

一是农业防治。及时伐除病株，剪除病枝。二是化学防治。3—4月、7—8月，分别喷洒50%多菌灵可湿性粉剂1000倍液、70%甲基硫菌灵可湿性粉剂1000倍液，10～15天喷1次，连喷2～3次。

8.2.5　银杏

1．银杏枯叶病

（1）发病特征

该病又被称为银杏胴枯病，生长衰弱的银杏树容易感染此病。银杏患病之后，其树皮往往会出现具有较强光滑性的病斑，这些病斑的形状各不相同。伴随病程的发展，病斑的面积进一步扩增，患病部位变得更加肿大，树皮出现纵向开裂的情况。在每年春季，发病的树木通常能够看到大量庞状子囊孢子座，直径相对较短。病原菌大多是从伤口侵入，病菌能够躲藏在病枝内越冬，等到春天回暖之后就开始频繁活动。一般在4月左右为该病害的高发期，并且伴随气温的增加，其扩展的速度会进一步提高，这种情况会一直持续到10月下旬。

（2）防治措施

应对雌株过量结果进行有效控制，从而避免该病在大树上不断蔓延。在发病前也可以使用相关杀菌剂，主要包括多菌灵胶悬剂、疫霜灵等，一般情况下每20天左右进行一次喷洒，如此就能够数月避免出现该病。如果是初见症状的植株，则可以从发现病斑的地方对病斑进行刮除，在刮除的过程中注意力度，并配用1∶100的波尔多液或是50%的多菌灵可湿性粉剂根据一定的喷洒比例来定期喷洒。还需要注重肥水管理，合理负荷，确保树体强健，增强植株的抗病能力。

2．银杏炭疽病

（1）发病特征

这种病害主要对银杏叶片产生影响，在树木发病之后叶缘会转变为褐色，后期会生成一部分黑色小粒点。在某些情况下顶端会呈现褐枯色，枝条与叶柄彼此相交的位置未出现黑褐色斑，此后叶丛逐步下垂。一般在银杏患病的次年病部就会出现孢子，它们能够通过风雨进行广泛传播，每年8—9月该病害出现的概率较高，而到10月之后随着温度下降，这种病就不会进一步加重。一般来讲，病菌繁殖最为理想的温度是26～28℃，而形成孢子的最佳温度为28～30℃。

（2）防治措施

树木落叶之后应在相对较短的时间内进行清理，在气温较低的时节应该喷洒足量的有机肥，从而有效提升树势。雨后应采取一定排水措施，以避免出现内涝的情况；在6月之后可以调制和喷洒适量除菌剂，其中比较主要的包括多菌灵、百科乳油等，一般情况下可每10天进行一次喷洒，总共完成2～3次。

3．银杏早期黄化病

（1）发病特征

这种病害很大程度上是非生物侵染造成的，其发病的原因较多，如土壤积水过于严重、土壤所包含的锌元素严重缺乏等。病情相对较轻的部分只有先端会出现黄化的情况，而在病情较为突出时，叶片会彻底黄化，这又会进一步促进叶枯病的发展。在每年8月叶片就会转变为褐色，此后不断从树木上脱落。银杏树发芽展叶后容易发病，在刚开始展叶时叶片较为正常，伴随着叶片的增大，叶色会变淡，呈现出鲜黄色，同时叶片变薄。如果病重，那么植株的叶片就会变小，叶色呈现出淡黄色，在严重的时候会全株叶片黄化，并脱落。同时患黄化病的叶片容易感染叶枯病以及炭疽病等。病重的植株在4月下旬展叶后会表现出症状，而多数植株是在6月上旬出现症状，在7月至8月间呈现出高发的态势。

（2）防治措施

在5月开始喷洒多效锌每株140克，如此就能够让发病率减少95%，感病指数也会得到有效控制。另外，也可以通过100倍硫酸亚铁水对根部进行充分浇灌，半月之后黄化的情况可以得到有效控制。

8.2.6　樟树

1．溃疡病

（1）发病特征

引起香樟溃疡病的病原菌为葡萄座腔菌等，主要为害香樟幼树主干的中下部、大树枝条等部位，发生的类型主要有枯斑型、水泡型。枯斑型溃疡病表现为树皮上先有稍隆起的水渍状小圆斑出现，较为柔软，之后逐渐干缩变硬并凹陷，最终变为黑褐色。水泡型溃疡病的表现为香樟树的皮层表面有水泡状病斑形成，较为分散，形状近圆，刚开始发病时病斑小，之后逐渐变大，颜色变为淡褐色；水泡的水散失后颜色变为黑褐色，病斑下陷；进入到发病后期，病斑上出现黑色分生孢子器，呈小点状。

（2）防治措施

①轻度发病。在病部用刀横竖切几刀，要求划的刀口超过病健的交界位置，横、竖分别达到1厘米、3厘米左右，深入木质部即可。

②重度发病。可先用刀将病斑刮除，确保健康的组织露出来，之后再涂抹一层溃腐灵原液，第一次涂抹后隔1天再涂抹1次，之后间隔5～7天涂抹第三次。

③发病重、濒临死亡。可选择50%甲基硫菌灵可湿性粉剂600倍液、1.8%辛菌胺醋酸盐水剂50～100倍液等，对准病斑的伤口位置涂抹，可有效缓解病情，降低死亡率。

香樟树发病重的情况下可直接对准树干等部位喷施溃腐灵50倍

液，之后结合病情再补喷一次。发病程度重、濒临死亡的香樟树，可选择营养液等进行喷雾，如树动力等，利于更好地恢复树势。

2．煤污病

（1）发病特征

煤污病在可开花的树木上普遍发生，对树体的光合作用产生不利影响，降低树木观赏价值、经济价值，严重的甚至导致树体死亡。香樟树发生煤污病后，枝条、树梢、叶片等部位上布满黑色的霉层。该病的发生受到分泌蜜露的刺吸性害虫的影响大，如介壳虫、蚜虫等。

（2）防治措施

当香樟树处于休眠期时选择3～5玻美度石硫合剂对准树体喷施，利于减少越冬病源基数。由于该病与介壳虫、蚜虫等昆虫有着密切的关系，所以可使用蚧必治750～1000倍液，能直接穿透介壳虫蜡壳，达到灭杀的目的。

3．白粉病

（1）发病特征

该病多在香樟树幼苗上发生，易发的气候条件为高温、高湿，与栽植密度过大、枝叶过于繁茂、通气情况不佳等条件有较大的关系。该病发生时，香樟树嫩叶背面部位的主脉上有病点出现，颜色为灰褐色，之后随着病情的发展斑点增大，最后整个叶片背部均覆盖病斑，且产生一层粉白色的薄膜状物质。发病严重的情况下，香樟树幼苗的主干、嫩枝上均覆盖白粉状物质，表现出叶片枯萎发黄、卷起、生长发育停止，严重的会导致树体死亡。

（2）防治措施

白粉病轻发的情况下可选择15%三唑酮和代森锰锌1000～1500倍液喷施，重发的情况下喷施15%三唑酮和代森锰锌600～800倍液。除此之外，50%多菌灵800倍液还可用于白粉病的预防。

8.2.7　文冠果

1．茎腐病

（1）发病特征

茎腐病病原菌主要包括镰刀菌、轮枝孢菌等真菌。病菌的腐生性强，越冬场所在土壤中，温度过高、湿度过大的情况下发病概率增大。主要对植物的根系部位产生危害，浅层土壤中根系出现暗褐色的菌核，呈腐烂状，之后沿着茎基周围逐渐扩展，使皮层腐烂，叶片也逐渐萎蔫、黄化，最终导致植株死亡。

（2）防治措施

管理期间土壤的含水量适当降低，有利于改善文冠果植株的生长环境、降低病原菌的侵染概率。北方地区文冠果茎腐病的发生时间一般在5月中旬到7月，可在发病前选择福美双400~600倍液等进行喷施，发病后可选择恶霜灵等进行喷施。

2．根结线虫病

（1）发病特征

根结线虫病，又被称为黄化病，危害重，发生范围广，可导致文冠果树成片死亡，由线虫在根茎部位寄生引发，主要对幼苗、幼树产生危害，最开始发病的时间在种子萌芽出土后。在阴暗潮湿的环境下线虫侵入到土壤、残根中，导致叶片发黄枯萎，之后一直挂在树上，最后萎缩、生长停滞、死亡。发病植株的根茎部位呈黄色水渍状，有明显的水肿，且有恶臭味。文冠果上发生根结线虫病后，叶片颜色先黄化，地上部分生长逐渐停止，最后枯萎、死亡，木质部的颜色由开始正常的白色转为有恶臭味的褐色。根结线虫病一般在灌溉过多、连作、土壤过于黏重的情况下重发。

（2）防治措施

一旦有文冠果植株发病，则及时将病株拔除，并转移到安全的区域进行无害化处理，并对病株的根穴部位喷施克线丹、克线磷等进行防治。

3．煤污病

（1）发病特征

煤污病主要由木虱等媒介昆虫对植株嫩组织的吸食作用引起，一般主要发生在叶片上，偶尔也会发生在嫩梢上。发病叶片上有小斑点（黑色）出现，随着病情的蔓延斑点逐渐扩大，最后逐渐连在一起导致叶片上布满一层黑色的霉状物质。嫩梢上发病的症状与叶片上的症状相同。该病在文冠果树上发生重的情况下可造成树体整体变为炭黑色。

（2）防治措施

为了降低病菌的传播，可选择药剂喷施以灭杀林间的蚜虫、木虱等携带病原菌的昆虫。冬季文冠果树处于休眠阶段时，或者春季萌芽前，选择石硫合剂等进行喷洒，以将越冬的病原菌清除干净。

4．黑斑病

（1）发病特征

文冠果黑斑病由真菌病菌引发，主要危害文冠果植株的叶片，是北方文冠果生产中一类常发的病害。文冠果叶面或叶缘上初生褐色小斑点，后逐渐扩大成近圆形或不规则形淡褐色斑，病斑周围深褐色，有时几个病斑连在一起成为大斑，病斑背面边缘生灰黑色霉层。严重时病叶尖或叶缘变干枯焦，病叶早期落叶。文冠果黑斑病病菌在病叶上越冬，第二年5月下旬以后开始发病。在高温高湿的雨季发病严重。生长在地势低洼，树势衰弱或枝叶密集的文冠果树发病较重。

（2）防治措施

重视预防工作，6月发病前或发病初期喷施240～300倍液石灰倍量式波尔多液。

8.3 | 虫害防控

8.3.1 **国槐**

1. 国槐尺蠖

（1）发生特点

1年发生3～4代，第一代幼虫始见于5月上旬，5月下旬、7月中旬及8月下旬至9月上旬为各代幼虫危害盛期。以蛹在树木周围松土中越冬，幼虫及成虫蚕食树木叶片，使叶片造成缺刻，以第二代为害最为严重，整棵树叶片几乎全被吃光。发生量大，危害严重时，常吐丝下垂，随风飘移，或下树转移为害。

（2）防治措施

5月中旬及6月下旬重点做好二代幼虫的防治工作，可用50%杀螟松乳油、80%敌敌畏乳油1000～1500倍液，50%辛硫磷乳油2000～4000倍液，20%灭扫利乳油2000倍液、灭幼脲1000倍液进行喷雾防治。成虫发生期用诱虫灯诱杀成虫，控制产卵量。

2. 锈色粒肩天牛

（1）发生特点

2年发生1代，主要以幼虫钻蛀危害，每年3月上旬幼虫开始活动，成虫羽化从6月上旬至7月上旬，产卵期从6月下旬开始延续到9月中旬。蛀孔处悬吊有天牛幼虫粪便及木屑，被天牛钻蛀的国槐树势衰弱，树叶发黄，枝条干枯，甚至整株死亡。

（2）防治措施

秋、冬季至成虫产卵前，树干涂白粉剂加农药涂于树干基部（2米以内），防止产卵，可加入多菌灵、甲基托布津等药剂防腐烂，做到有虫治虫，无虫防病。同时，还可以起到防寒、防日灼的效果。每年6

月中旬至7月中旬成虫活动盛期，对树冠喷洒2000倍液杀灭菊酯，每15天一次，连续喷洒两次，可收到较好效果。每年3月至10月为天牛幼虫活动期，可向蛀孔内注射80%敌敌畏5～10倍液，或用50%磷化铝片剂塞入虫孔，然后用泥巴封口，可毒杀幼虫。幼虫危害期（6—8月）可用小型喷雾器从虫道注入防蛀液剂，也可浸药棉塞孔，然后用黏泥或塑料袋堵住虫孔。

3．国槐叶柄小蛾

（1）发生特点

1年发生2代，以幼虫在树皮缝隙或种子越冬，各代幼虫为害期为6月上旬、8月上旬，8月是第2代幼虫发生期，为害最为严重，幼虫多从复叶叶柄基部蛀食危害，初孵幼虫寻找叶柄基部后，先吐丝拉网，以后进入基部为害，为害处常见胶状物中混杂有虫粪。有迁移为害习性，一头幼虫可造成几个复叶脱落。造成树木复叶枯干、脱落，严重时树冠出现秃头枯梢。

（2）防治措施

成虫期用黑光灯诱杀成虫，或将国槐小卷蛾性诱捕器悬挂在树冠向阳面外围，诱杀成虫；幼虫危害期选用鱼藤酮、吡虫啉、甲维盐、苦参碱、印楝素等药剂防治。

4．小线角木蠹蛾

（1）发生特点

主要为害树龄大、树势弱的国槐树，每两年发生1代，以幼虫在被害树的枝干内越冬，从3月中旬开始幼虫在树干内蛀食为害至10月上旬。6—8月为成虫发生期，成虫羽化时，蛹壳半露在羽化孔外。幼虫喜群栖为害，往往造成树干的千疮百孔，甚至整株枯死，严重影响城市绿化美化效果。

（2）防治措施

成虫期利用黑光灯或性信息素诱捕器诱杀成虫；幼虫危害期采用

过内吸药液注射、熏蒸药片堵孔、毒扦插孔等方法。

5．日本双齿长蠹

（1）发生特点

华北地区1年发生1代。以成虫在枝干韧皮部越冬。翌年3月中下旬开始取食为害，4月下旬成虫飞出交尾。5—6月为幼虫为害期。5月下旬有的幼虫开始化蛹，蛹期6天。6月上旬可始见成虫，成虫在原虫道串食为害，并不外出迁移为害。在6月下旬至8月上旬成虫才外出活动，8月中下旬又进入蛀道内为害。10月下旬至11月初，成虫又转移到1—3厘米直径的新枝条上为害，常从枝杈表皮粗糙处蛀入做环形蛀道，然后在其虫道内越冬。在秋冬季节大风来时，被害新枝梢从环形蛀道处被风刮断，影响翌年花木生长。

（2）防治措施

幼虫危害期通过虫孔注射药或吊袋输药，可选用树虫清或蛀虫清喷树干或输液。

8.3.2　侧柏

1．侧柏毛虫（侧柏毒蛾幼虫）

（1）发生特点

侧柏毛虫是侧柏毒蛾的幼虫，是一种食叶性害虫。该虫1年2代，以3～5龄幼虫在落叶层或石块下越冬。翌年3月中旬上树为害，至4月中旬老熟化蛹，6月上旬第1代幼虫孵化，至7月上中旬老熟化蛹，8月中下旬第2代幼虫孵化，10月上中旬下树越冬。

（2）防治措施

①农业防治。如果发现有虫害发生，越冬期要把发病的树皮进行环剥，把有虫生活过的叶和树皮集中焚烧，如果发现幼虫大，可以进行人工捕捉灭虫。

②物理防治。毛虫成虫都有一定的趋光性，可以利用黑光灯进行诱杀，生物防治。生物防治的方法是最有效而且环保的一种方法，可以利用天敌进行控制，比如可采用及时放寄生蜂的方法。

③化学防治。采用化学药剂进行灭虫，见效快　效果好，但环境污染较大，只有幼虫大密度发生，其他办法已无法控制时才会采用，但应尽早防治，可在晴天三级风以下时用飞机喷施25%灭幼脲3号，也可采用人工喷洒，根据防效情况加少量菊酯类药剂。

2．侧柏大蚜

（1）发生特点

侧柏大蚜属同翅目，大蚜科，分布较广。嫩枝上虫体密布成层，排泄大量蜜露，引发煤污病，轻者影响树木生长，重者树木干枯死亡。有的地区一年发生10代左右，虫卵在柏枝叶上越冬，次年3月底至4月上旬越冬卵孵化，并进行孤雌繁殖。5月中旬生成有翅蚜，进行迁飞扩散，10月出现性蚜，11月为产卵盛期，每处产卵4～5粒，卵多产于小枝鳞片上，以卵越冬。

（2）防治措施

①保护和利用天敌。要尽量利用天敌进行生物防治，尽量不施用药剂，以保护瓢虫、蜂类、食蚜蝇、草蛉等天敌的繁殖，进而达到生物治蚜的目的。

②药剂防治。如果虫害严重到无法控制的局面，就要采用化学药剂来灭蚜，可喷洒阿克泰水分散粒剂或康福多浓可溶剂，也可采用苦烟乳油喷雾或吡虫啉可湿性粉剂进行喷施灭蚜。

3．双条杉天牛

（1）发生特点

双条杉天牛又名蛀木虫，是杉、柏主要害虫。天牛幼虫可以在皮和木之间取食，这样对皮木间的组织破坏严重时，会把水分、养分的运输管道切断，最后导致树叶黄化，使柏树的长势退减，重则遇风雪便折，整个植株或整枝死掉。

（2）防治措施

①人工捕捉。如果前一年发生虫害，则在越冬成虫还没出来活动前，把树干2米以下的部分都用涂白剂涂刷，成虫出来活动时要进行人工捕捉，也可用小刀刮皮或用木槌敲击的办法杀死幼虫。

②药剂防治。成虫期可用敌敌畏烟剂熏杀，初孵幼虫期可用乐果乳剂、益果乳剂、杀虫脒水剂、一线油（柴油或煤油）等混合剂进行喷湿树干或流脂处。

③生物防治。利用双条杉天牛的天敌柄腹茧蜂、肿腿蜂、红头茧蜂、白腹茧蜂等进行防治。

8.3.3 皂荚

1. 皂荚幽木虱

（1）发生特点

以成虫和若虫吸食皂角汁液，若虫将嫩叶折合成叶苞，在里面群居取食，分泌蜡丝，排出蜜露，使被害叶片枯黄早落。该虫在北方1年发生4代，以成虫越冬。次年4月上旬开始活动，补充营养15天左右，4月中旬交尾产卵，卵期20天。5月上旬若虫孵化，共5龄，若虫期20天。第1代成虫5月上旬出现，第2代成虫7月上旬出现，第3代成虫8月中旬出现，第4代成虫9月下旬羽化后不再交尾产卵，以成虫在树干基部树皮缝内越冬。

（2）防治措施

防治方法：加强检疫，不栽植带虫苗木；冬季修剪虫害枝条并及时烧毁；冬季或早春树干涂白，消灭越冬成虫；4月中下旬在林内施放敌马烟剂，每亩用药1千克；用50%马拉硫磷乳油、50%杀螟松乳油1000～

1500倍液防治若虫和成虫。

2．皂角食心虫

（1）发生特点

1年发生3代，以幼虫在荚果或树干皮缝内结茧越冬。第1代4月化蛹，5月初出现成虫羽化。第2、第3代分别在6月中下旬及7月中下旬出现。

（2）防治措施

秋季和次年3月前，及时收集荚果销毁，可消灭幼虫，减少越冬基数，减轻来年危害程度。

3．凤蝶

（1）发生特点

7—9月发生危害时，幼虫咬食叶片和茎。

（2）防治措施

可用诱虫灯人工诱杀或用溴氰菊酯喷药防治，还可用甲维灭幼脲或白僵菌等无公害仿生制剂喷药防治。

4．蚜虫

（1）发生特点

蚜虫体微小柔嫩，主要危害植株嫩枝嫩叶，刺吸枝叶汁液，造成植株卷叶或虫瘿，并可携带病毒浸染植物。

（2）防治措施

摘除受害枝梢；清除杂草，消灭越冬虫源；蚜虫危害期用90%敌百虫500～800倍液、10%吡虫啉可湿性粉剂或菊酯类农药喷施。

8.3.4　松树

1．松大蚜

（1）发生特点

松大蚜，又称油松大蚜，主要危害油松、黑松、雪松、樟子松、马尾松、白皮松、赤松、红松和云南松等松科植物的一至两年生嫩梢。在山东每年发生10余代，以卵在松针上越冬。3月下旬至4月初若虫孵化，4月中旬无翅雌成虫"干母蚜"出现，5月中旬有翅雌成虫出现，进行迁飞繁殖。4～11月，20天左右发生1代，世代重叠，以成虫和若虫群集在松树幼嫩枝上吸食汁液危害，夏初、秋季为发生高峰期，常伴有蜜露滴落；受害枝松针顶端发红发干，中部现黄红斑，枯针、落针，甚至枝条干枯。10月中旬有翅雄成虫始现，与有翅雌成虫交尾产卵越冬。

（2）防治措施

①农业防治。剪除卵叶，集中销毁，减少越冬基数；加强抚育，增强树体抗虫能力。

②生物防治。保护利用异色瓢虫、龟纹瓢虫、蚜小蜂、大灰食蚜蝇、蠋蝽等蚜虫天敌。

③化学防治。发生初期，喷50%啶虫脒水分散粒剂25000～30000倍液，或10%吡虫啉可湿性粉剂1500～2000倍液，10天喷1次，连喷2～3次。

2．日本松干蚧

（1）发生特点

日本松干蚧主要为害油松、赤松、马尾松、黑松等松科植物的枝干，已被列入国内危险性林业有害生物。在北方每年发生2代，以1龄若虫寄生在枝干上越冬或越夏，主要以2龄若虫在阴面枝梢上刺吸嫩枝汁液为害。每年4月底至5月底，2龄若虫出蛰，沿树干向上爬1～2天后固定寄生；5月上旬至6月初化蛹；5月中旬至6月中旬羽化；羽化后1周开始产卵，5月底至6月底若虫孵化，进入越夏状态；8月底恢复活动，9月初化蛹，9月上旬始见成虫，开始产卵，中旬若虫开始孵化，10～11月进入越冬状态。松树受害1～2年，长势变弱；受害3～4年，针叶失绿，枝干向下弯曲；受害5年以上，树冠枝条下垂，林木停长、干枯死亡。

（2）防治措施

①生物防治。通过人工助迁、人工饲养繁育等方法，保护利用蒙古光瓢虫（食性专一）、异色瓢虫（世代多、食量大、分布广）等捕食性天敌昆虫防治。

②化学防治。初孵若虫期，抗药性差，用1.8%阿维菌素乳油3000～4000倍液喷雾防治。

3．松扁叶蜂

（1）发生特点

松扁叶蜂主要危害油松、赤松、樟子松等的针叶。在山东每年多发生1代，老熟幼虫在树盘10～20厘米深的土壤中做土室，以预蛹越冬。翌年3～4月化蛹，5月上旬成虫羽化、产卵，5月中下旬幼虫孵化，吐丝结网，取食针叶，3龄后转到新梢上吐丝做巢，危害至6月下旬下树做土室越夏、越冬。大发生时，针叶几乎全部受害，枝梢布满粪屑、残渣，林分似火烧一般。

（2）防治措施

①人工防治。封冻前，翻耕树盘6～15厘米表土，冻死越冬虫蛹，降低越冬基数。

②化学防治。低龄幼虫期，喷1%苦参碱可溶性液剂1000倍液，或25%灭幼脲悬浮剂1500～2000倍液防治，大面积发生时采用飞机喷药防治。

4．松毛虫

（1）发生特点

松毛虫，又称火毛虫，主要危害松（落叶松、赤松、油松、马尾松等）、柏（侧柏等）、杉类的针叶，是发生量大、繁殖与生存能力强、危害面广的害虫。在北方每年多发生1代（马尾松毛虫2代），以3～4龄幼虫在树干皮层或针叶丛中越冬。老熟幼虫食量大（占幼虫期总食量的70%～80%），在枝条上、针叶丛中结茧化蛹；夜间羽化，喜在生长势旺盛的树上产卵。

（2）防治措施

①人工防治。抓住松毛虫6月下旬在树冠外围开始结茧、7月中旬在树冠外围开始产卵的时机，及时人工捉拿虫茧、虫卵；8—9月幼虫1～2龄期，人工剪除虫苞，集中消灭。

②物理防治。成虫期挂黑光灯诱杀。

③生物防治。以毒治虫，利用松毛虫质型多角体病毒防治；以菌治虫，11月中下旬或3—4月利用白僵菌（1.5万亿～5万亿孢子/亩）防治；以虫治虫，林下保留或引种蜜源植物，吸引蜂类、寄生蝇、寄生蜂（卵期释放赤眼蜂3万～10万头/亩）、蜘蛛类等松毛虫天敌昆虫栖息；以鸟治虫，营造适宜天敌生存的环境，在林内设置人工鸟巢、招引木，招引大杜鹃、大山雀等益鸟，积极促成生物治虫生态平衡的良性局面。

④化学防治。低龄幼虫期，喷洒25%甲维·灭幼脲悬浮剂2000～4000倍液防治。

5．松梢螟

（1）发生特点

松梢螟，又称钻心虫，主要危害黑松、油松、马尾松、赤松、华山松等松科植物，以幼虫蛀食松树新梢髓心，也蛀食红松球果。在山东每年发生2代，以幼虫在受害梢蛀道内越冬。3月下旬开始活动，转移危害新梢；5月上旬始见成虫，交尾后产卵于受害松梢的枯黄针叶凹槽处、受害球果或树皮伤口处；8月上旬，第一代幼虫开始孵化，3龄后食量增大，多次转梢危害，5龄老熟后化蛹。9月中旬，第二代幼虫开始孵化，蛀梢危害至11月下旬越冬。

（2）防治措施

①农业防治。及时剪除被害枝梢和球果，集中烧毁，以减少虫源。

②物理防治。成虫期用黑光灯诱杀。

③生物防治。3月底至4月初，释放赤眼蜂（6个卵卡/亩）等寄生性天敌。

④化学防治。低龄幼虫期，用内吸性杀虫剂（如20%啶虫脒可溶性液剂10000倍液）喷雾防治，每10~15天喷1次，连喷2~3次。

6．松墨天牛

（1）发生特点

松墨天牛又称松褐天牛、松天牛，成虫是松材线虫的主要传播媒介，主要危害黑松、落叶松、雪松、马尾松、红松、云杉、冷杉等。在山东每年发生1代，以老熟幼虫在木质部蛀道内越冬。4月上旬越冬幼虫开始转移到靠近树皮部位做蛹室化蛹，中旬成虫开始羽化（持续到9月），随后扩散（可迁飞1~2.4千米）、补充营养，羽化后约20天产卵，初孵幼虫蛀入皮下，蛀食坑道呈"U"字形。

（2）防治措施

①农业防治。加强抚育管理，增强树势；及时清除虫害树木（枝）、衰弱树木、枯死树木（枝），减少虫源。

②物理防治。加强松苗、松材及其制品检疫；4—9月成虫期，人工振落捕捉，设饵木，挂黑光灯、性诱捕器（APF-1型）诱杀；产卵盛期用尖刀挖卵，初龄幼虫期用铁丝钩杀。

③生物防治。保护利用啄木鸟、花绒寄甲、管氏肿腿蜂（卵期释放350头/亩）等天敌。其中，花绒寄甲是目前寄生松墨天牛等大型天牛非常有效的天敌昆虫之一，具有寿命长（成虫寿命长达3年以上）、寄生广（松墨天牛、光肩星天牛、锈色粒肩天牛、云斑天牛、桑天牛、桃红颈天牛、双斑锦天牛、吉丁虫等）、寄生率高（70%~98%）和释放期长等特点。可分别于每年4月底至5月初（天牛蛹期）、7—8月（天牛幼虫期），选择晴天释放，将装有花绒寄甲卵的塑料管固定在

有新鲜蛀孔的松树干上，每亩松林放10管（一般每管有8～10只成虫或50～100粒卵），花绒寄甲成虫将卵产于蛀孔附近的皮缝中，幼虫孵化后根据气味搜索，依靠发达的胸足沿蛀道爬行寻找天牛幼虫叮咬寄生、繁衍，并不断壮大自身种群数量，全力围剿天牛，防治效果可达90%以上。另外，管氏肿腿蜂可寄生鞘翅目、鳞翅目、膜翅目3目22科50余种害虫，释放管氏肿腿蜂防治松墨天牛的效果也很好。

④化学防治。成虫期，用8%氯氰菊酯（绿色威雷）微胶囊剂300～400倍液喷干防治。

7. 松纵坑切梢小蠹

（1）发生特点

主要为害油松、黑松、云南松等松科植物的嫩梢髓部组织和干部韧皮组织。在山东每年发生1代，以成虫在干基部皮下或被害梢内越冬。翌年3月中下旬开始出蛰，飞向树冠取食嫩梢补充营养，雌成虫寻找衰弱树木蛀入，筑交配室引雄虫进入交尾后，迁至新梢蛀食危害，4月中旬、5月上中旬分两次产卵于母坑道两侧，幼虫孵化后在韧皮部、形成层钻蛀危害。

（2）防治措施

①农业防治。加强监测，做到早发现、早防治。及时清除被害枝梢、死梢，尤其是因成虫补充营养造成的枯萎梢，集中销毁，以减少虫源扩散。加强修枝及抚育间伐，保持林分郁闭度0.7左右，改善光照及通风条件，提高松树抗虫能力。

②物理防治。3月在林间放置直径10厘米左右、长1.2米的松树原木作为饵木，诱杀产卵成虫，5月下旬前集中处理饵木。

③生物防治。保护利用线虫、螨类、寄生蜂、寄生蝇及鸟类等天敌。

④化学防治。成虫期或春季出蛰期，对树盘土壤及根际喷洒4.5%高效氯氰菊酯乳油1500倍液，或8%氯氰菊酯（绿色威雷）微胶囊剂300～

400倍液，每15天喷1次，连喷2次。

8．梨剑纹夜蛾

（1）发生特点

梨剑纹夜蛾主要是通过幼虫取食松针，低龄幼虫（1～2龄）具有群居特性，高龄幼虫（3龄以上）分散危害。梨剑纹夜蛾的主要危害时期为6月中旬至9月中旬。

（2）防治措施

推荐防治药剂为2.5%高效氯氟氰菊酯乳油按照750～1000倍液进行叶面喷雾+6%甲维盐·氟铃脲悬浮剂按照750～1000倍液进行叶面喷雾，对梨剑纹夜蛾的幼虫、卵进行有效的杀灭。

9．松茸毒蛾

（1）发生特点

松茸毒蛾是一种危害松针的鳞翅目害虫，1龄幼虫取食量相对较小，可造成松针的缺刻；2龄幼虫从中下部咬断松针；3龄幼虫进入暴饮暴食期，将松针全部吃掉。松茸毒蛾危害雪松、马尾松、热带松等多种松树，一旦爆发，会造成极大的危害。

（2）防治措施

推荐防治药剂为30%阿维菌素·灭幼脲悬浮剂750～1000倍液或者30%虫螨腈·茚虫威悬浮剂1000～1500倍液进行叶面喷雾。

10．薄翅锯天牛

（1）发生特点

薄翅锯天牛是一种危害松树主干和枝干的鞘翅目害虫，主要是通过幼虫在树干的木质部或者韧皮部进行取食。该类害虫容易导致木质部导管和韧皮部筛管的堵塞，造成松树长势减弱，发病严重的林木容易出现早衰甚至死亡。

（2）防治措施

可以采用25克/升溴氰菊酯悬浮剂5～10克沿被危害的树洞注入，或者取10%醚菊酯悬浮剂按照5～10克沿被危害的树洞注入对其进行防治。

11．地下害虫

（1）发生特点

松树地下害虫包括东方蝼蛄、小地老虎、黄翅大白蚁等，主要是通过幼虫、成虫取食松树的种子、根系、茎基部，危害较轻时抑制根系的发育以及营养物质的运输，危害较重时容易导致幼苗的死亡。

（2）防治措施

地下害虫的推荐防治药剂为20%毒死蜱微胶囊剂按照3000～4000克/亩进行撒施或3%阿维菌素·吡虫啉颗粒剂按照3000～4000克/亩进行撒施。

8.3.5　银杏

1．银杏大蚕蛾

（1）发生特点

银杏大蚕蛾是一类较有代表性的虫害，其雄性外生殖器上的爪形突宽大，抱器宽大平板形，顶端钝圆稍向外突，阳茎基环圆，外侧呈锯齿状，内侧相对弯曲，另一侧存在特定的囊片，其主要表现为齿形。1年生1～2代，辽宁、吉林每年生1代，以卵越冬。翌年5月上旬越冬卵开始孵化，5—6月进入幼虫为害盛期，常把树上叶片食光，6月中旬至7月上旬于树冠下部枝叶间结茧化蛹，8月中下旬羽化、交配和产卵。卵多产在树干下部1～3米处及树杈处，数十粒至百余粒块产。幼虫取食银杏等寄主植物的叶片成缺刻或食光叶片，严重影响树木生长。

（2）防治措施

气温较低的时节可以采用人工摘除卵块，到每年7月，可通过人工对老熟幼虫进行捕杀。成虫能够表现出明显的趋光性，飞翔能力很强，在其大量产卵前，可以通过黑光灯对其进行充分诱杀，效果十分理想。另外，此类害虫的天敌较多，主要包括赤眼蜂、平腹小蜂等。赤眼蜂在该类害虫上的寄生率大约为80%，在9月可以释放赤眼蜂，这也能够有效增强银杏大蚕蛾的防治成效。银杏大蚕蛾3龄前不具有较强的抵抗力，而且表现出群集的特性，在5月可以喷洒调制好的溴氰菊酯。而对于幼虫阶段来讲，可以选择的制剂较多，比较主要的包括敌百虫、杀虫双等，实际的防治效果都比较理想。

2．茶黄蓟马

（1）发生特点

主要为害银杏幼苗、大苗以及成龄母树的新梢以及叶片，通常会聚集在叶片背面吸食汁液，叶片在被吸食之后很快就会失绿，严重时叶片会白枯并出现落叶。通常情况下，茶黄蓟马在一年内会发生4代，通过蛹在土壤缝隙、枯枝落叶层以及树皮缝中越冬，在次年的4月下旬成虫羽化后扩散到银杏叶的背面刺吸取食并产卵。卵产于叶背面叶脉处。茶黄蓟马在5月下旬时开始出现，此时是第1代的危害期；在7月中下旬时达到高峰期，此时为第2、第3代危害，表现出了一定程度上的世代重叠；9月初时虫量开始消退，此时第4代开始陆续下地化蛹。

（2）防治措施

4月下旬时，在地面和树干上喷速灭杀丁3000倍液或者是40%氧化乐果乳油1000倍液，可以有效地预防成虫上树为害；在5月中旬叶片上开始出现茶黄蓟马时，采用对树体喷药的方式进行防治，到6月中旬时喷第二次药，在7月中下旬虫口密度达到最大时开始喷第三次药，采用40%氧化乐果1000倍液或80%敌敌畏1000倍液，用速灭杀丁3000倍液，防治效果可达95%。用药防治时需注意人畜安全，连续施2～3天。

8.3.6　樟树

1．樟叶瘤丛螟

（1）发生特点

樟叶瘤丛螟，又称樟巢螟，是香樟树上常发的重要食叶害虫之一。樟叶瘤丛螟为害的部位包括香樟树的老叶、新叶。产生为害之前先通过丝缠绕叶片成为虫窝，形状为鸟巢状，内部经常有数量不等的樟叶瘤丛螟聚集，对嫩梢、叶片等进行啃食。樟叶瘤丛螟虫龄逐渐增加，虫窝的体积也相应增大，叶片被取食殆尽后虫窝的位置可转移。香樟树重发樟叶瘤丛螟的情况下，树体上所有叶片均可被吃光。该虫害发生开始的时间一般在每年的5月，第1代、第2代幼虫大量活动期分别在7—8月，为害最重的阶段在8—9月，10月下旬几乎不再产生危害。

（2）防治措施

樟巢螟在虫窝内产生危害，如果单纯选择胃毒类药剂效果不佳，可在投胃毒药物的同时搭配渗透效果好的熏蒸类药剂。常用的药剂有5%氯氰菊酯+45%毒死蜱1300～2000倍液，防治效果较好。

2．樟脊冠网蝽

（1）发生特点

樟脊冠网蝽为群食性昆虫之一，有较强的耐低温能力，主要以若虫、成虫在香樟树叶片背部通过集中吸食汁液为害，越冬状态为卵。每年3月起逐渐为害香樟树，世代之间的间隔明显，为害重的阶段主要在每年的6月、9—10月，甚至12月还可为害。该虫害发生后叶片上有斑点产生，颜色苍白或者黄白，之后斑点逐渐扩大成块状，叶片背部有黏稠的排泄物出现，颜色为铁锈色，发病后期虫害叶脱落。樟脊冠网蝽严重发生时，香樟树的所有叶片远看均为枯黄，叶片大量脱落，不仅影响美观，而且对树体的生长发育极为不利。

（2）防治措施

樟脊冠网蝽主要群居在香樟树下部长势繁茂的叶片上，通过适当的修剪可以改善树体的通风情况并增加光照。樟脊冠网蝽对药剂抗性弱，选择常规的杀虫剂即可取得较好的防治效果，其中效果最快、最好的方法为药剂熏蒸，如77.5%敌敌畏1500倍液、70%吡虫啉7000倍液、1.8%阿维菌素1500倍液、40%氧化乐果1500倍液等。

3．樟叶螨

（1）发生特点

樟叶螨主要为害香樟树下部的老叶，重发时也会为害刚长出的叶片，在叶片的正面刺吸汁液，叶片受害后正面向上卷曲，叶片颜色转为灰红色，且有白色粉末状螨卵出现。虫害重的情况下香樟树的叶片全部灰红，大量脱落。香樟樟叶螨全年均可发生，以幼虫越冬，环境温度达到5℃即可为害。一般情况下4月开始发生樟叶螨虫害，5月中旬达到盛发期，7—8月是全年的发生高发期，尤其是6月下旬到7月上旬危害最为严重；进入冬季，虫害发生的部位集中在朝南一侧，霜冻后进入越冬阶段。

（2）防治措施

香樟树上发生樟叶螨虫害后，可选择25%三唑锡可湿性粉剂1500～2000倍液等；高温季节适合喷施10%阿维·哒螨灵1500～2000倍液。

4．樟叶蜂

（1）发生特点

樟叶蜂每年发生的时间开始于4月下旬，新长出的嫩叶更易受到危害且程度更重，发生较重的情况下香樟树新长出的梢、叶可在3～4天内被吃光。樟叶蜂1年发生多代，存在明显的世代重叠现象，蛹在土壤中越冬。樟叶蜂蛹羽化开始的时间在3月，最后在香樟树的叶片上产卵，主要集中在叶脉附近区域，4月初第1代幼虫开始出现，4月中下旬幼虫孵化数量大大增加，为害高峰集中在5月。

（2）防治措施

樟叶蜂为害的时间长、发生的世代多，选择生物药剂可取得理想的防治效果，一般以刚见幼虫时防治效果最好。虫龄大时生物药剂防治效果不佳，可选择化学药剂进行防治，如均匀喷施5%氯氰菊酯+45%毒死蜱1300～2000倍液、5%高效氯氟氰菊酯5000倍液或40%氧化乐果1000倍液。

5．樟颈曼盲蝽

（1）发病特征

樟颈曼盲蝽的为害特点类似于网蝽，以吸食叶背上的汁液为生。但樟颈曼盲蝽没有群食性特点，为害叶片的部位分布范围广，香樟树新萌生的叶与枯老叶片、树体上方叶片与下方叶片等位置均可出现盲蝽为害。叶片被盲蝽取食后出现的虫斑类似于病斑，表面为褐色。虫害发生的后期香樟树叶片脱落量大，重发的情况下可导致成年香樟树叶片在短短几天内被取食殆尽，一般只见到新长出的少许叶片残留在树体上。樟颈曼盲蝽除了霜冻时期未见发生，其余时间均可发生，为害最重的时期在9—11月，一般与网蝽同时出现。

（2）防治措施

樟颈曼盲蝽与网蝽一样，抗药能力较弱，因此常规的杀虫剂即可达到理想效果，如喷施25%三唑锡可湿性粉剂1500～2000倍液，或者10%阿维·哒螨灵1500～2000倍液。

6．黑翅土白蚁

（1）发病特征

黑翅土白蚁1年中绝大多数时间生活在地下，主要的食物为腐烂或者枯萎的木头，也可为害活的植物根系。黑翅土白蚁可在温度及湿度条件适合的5—6月、9—11月爬到地面上为害植物，如对香樟树的木质部、树皮等进行啃食，影响树液的运输、导致树干空心等问题。黑翅土白蚁群体数量庞大，有着极强的繁殖能力，较大的蚁群巢穴内个体数量可超过100万只，繁殖量可达到1000头/天。

（2）防治措施

在黑翅土白蚁出土为害时及时使用药剂防治，适合的药剂有白蚁专用型2.5%联苯菊酯40倍液、2.5%氟虫腈300倍液及白蚁灵干粉等，喷雾后让白蚁通过食用、碰触等方式摄入药剂，达到灭杀效果。如果需要在有黑翅土白蚁活动的区域种植香樟，可在栽植之前用克百威颗粒剂等撒到栽植穴内，或者撒在待移栽的香樟树根系土球上，对白蚁有较好的预防效果。

8.3.7　文冠果

1．黑绒金龟子

（1）发病特征

黑绒金龟子属于鳃金龟科昆虫，又被称为东方绢金龟、天鹅绒金龟子，杂食性，为害的植物类型有100种以上，其幼虫、成虫均可对文冠果树产生为害。黑绒金龟子虫体为卵圆状，黑褐色或黑色，头大，有闪光层。春季时黑绒金龟子喜欢为害文冠果的幼嫩部位（花、芽等），迁飞能力强，活动主要在夜晚进行，群集生活；黑绒金龟子对文冠果树的为害以幼苗上发生程度最重。黑绒金龟子在北方地区每年发生1代，越冬形态为成虫，越冬场所为土壤。北方地区黑绒金龟子出土活动的时间一般在4月中旬，成虫大量发生期集中在每年的4月底至6月上旬。在成虫盛期前降雨较多，因此黑绒金龟子有雨后集中出土的特点。进入6月底后虫口数量有所降低，7月后林间黑绒金龟子成虫少见。黑绒金龟子成虫适合在20～25℃的温度下活动，当日均温度超过10℃、降水量大的条件下成虫出土概率增加。

（2）防治措施

黑绒金龟子具有假死、趋光等特性，可利用这些特性开展防治。结合黑绒金龟子的假死特性，在文冠果林内发生虫害后扶着树干轻轻晃动，将害虫振落后人工统一收集、带出林外进行集中灭杀。结合黑绒金龟子对光线的趋向性，在文冠果林内大量出现成虫的阶段悬挂一定密度的诱虫灯，19:00到第2天6:00打开灯。在林间虫口密度大的情况下，可选择80%敌百虫乳油1000倍液等对准树冠喷施。黑绒金龟子的幼虫即为蛴螬，可在整地做垄的同时选择3%呋喃丹颗粒剂225千克/公顷拌和细土2250千克/公顷到土壤中。还可在林间悬挂鸟巢、保护天敌生物等。

2. 刺蛾

（1）发病特征

刺蛾属于鳞翅目刺蛾科害虫，为害的部位为文冠果树的叶片，在我国北方地区常发。刺蛾幼虫处于低龄时，对文冠果的叶肉进行取食，导致叶片上呈现网状。大龄时取食叶片导致缺刻，最后只有叶脉、柄部留下来，光合作用无法进行。在文冠果林内刺蛾发生程度重的情况下可导致整株树叶均被吃光，影响树体正常的光合代谢，最终死亡。

（2）防治措施

冬季温度下降，刺蛾寄主的叶片脱落，寄主上会有一些刺蛾虫茧，可在整形、修剪时摘除。刺蛾的成虫对光线有一定的趋向性，利用其这一特点可于成虫期在文冠果林内悬挂黑光灯进行诱杀。刺蛾在林间大量发生时，可喷施苏云金杆菌制剂，或者在幼虫初龄时喷施抑太保乳油、阿维菌素等药剂防治。

8.4 附生植物管控

8.4.1 管控措施

对附生植物的管控和治理，可根据实际情况在其苗期、开花期或结实期等生长关键时期，采取人工拔除、机械铲除、喷施绿色药剂、释放生物天敌等措施，有效阻止其扩散蔓延。

8.4.2 案例分析（云杉矮槲寄生）

（1）发生特点

云杉矮槲寄生（*Arceuthobium sichuanense*）是隶属于槲寄生科油杉寄生属的多年生的半寄生种子植物，主要侵染青海云杉、油松等植物，通过其内部的寄生系统获取水分和营养物质，受侵染枝条、树干常发生异常膨大并形成扫帚状丛枝，危害严重时可导致寄主死亡。

云杉矮槲寄生最明显的症状是在寄主的病部表现丛枝现象、侧芽增多。丛生枝条比正常枝条的针叶小、数量少、失绿，有时整个树冠上下都会出现大量的丛枝，大量的丛枝与寄主之间争抢水分和光合产物，这样营养物质大部分被低一点的丛枝所吸收，寄主自身营养失衡、生长衰弱，树冠会逐渐死亡。丛枝的形成往往需要几年的时间，在侵染初期，枝条先是膨大扭曲呈纺锤形生长，侵染后期树干才表现出丛枝状，并且树干的表面会有溃疡病。寄主的结果率明显下降，甚至不结果实，除了对果实有影响外，对寄主的种子也有一定的影响。

（2）防治措施

云杉矮槲寄生果期大致从7月上旬至8月下旬，果实成熟后种子会弹射，因此7月上旬果实尚未成熟时是喷施乙烯利进行除治的最佳时间。在云杉矮槲寄生的花期喷施4种不同浓度的植物激素类药剂，比例为1∶400的乙烯利水剂防除效果最好，在1∶200的乙烯利中添加柴油配制成乙烯利油剂对矮槲寄生花、果都具有显著的防治效果。

第 9 章

古树伤病
修复实例

9.1 古树伤病典型图例

深埋填土
/ 摄影　陈艳 /

建筑施工影响 / 摄影　陈艳、廖正平 /

挤占古树生存空间 / 摄影　陈艳、廖正平 /

未及时松解树箍 / 摄影　陈艳 /

保护性破坏 / 摄影　陈艳 /

园林藤本植物绞杀 / 摄影　陈艳 /

重度伤病
/摄影 陈艳/

全铺封堵
/摄影　陈艳/

9.2 古树伤病救护复壮案例

9.2.1 千年古银杏主干损伤修复

陕西省岚皋县官元镇龙板营村有一株银杏，树龄1200年左右，古树整体生长良好，但树干基部有宽40厘米、高160厘米的开放性损伤，损伤部位树皮完全剥落，木质部呈腐朽状态，如不及时救护，会加速主干腐朽，导致主干中空，造成树体不稳固，危害古树生存。

救护修复措施：清理腐朽部位并防菌杀虫，用古树专用修补剂修

修复前 / 摄影　廖正平 /

修复后 / 摄影　廖正平 /

补刮平，然后用古树专用防腐剂涂刷保护，对伤口全封，对底部进行防渗漏处理，达到长期防水抗菌防虫的效果。

9.2.2 濒死皂角古树救护修复

位于陕西省临潼区骊山景区的一株皂角古树，枝冠全部枯死，仅树干中部一级侧枝有少量活枝，主干树皮大部分干裂死亡。经探查，古树基部填埋有石灰性垃圾。

救护修复措施：将枯枝回截并对截面做防腐处理。对树体干枯部分整体防腐，清理有害垃圾并换土施肥。

修复前／摄影　陈艳／　　　　　　修复后／摄影　陈艳／

9.2.3　一级保护国槐救护修复

位于北京市西城区广安门报国寺内的一株国槐复壮前主干可见环形树洞，使用水泥和泡沫封堵。树池约1.5米×1.5米，周边为铺装停车场。

救护修复措施：清理古树树洞封堵物，对裸露的木质部进行打磨、消杀、除虫、防腐处理，洞内底部夯实垫高，做好排水。整理树冠，清理枯枝，伤口涂抹愈合剂。拆除树池周边铺装，扩大树池范围，安装新围栏和框架式支撑加固树体，改善古树生境。

修复前／摄影　曾赞青／

修复后／摄影　曾赞青／

9.2.4　一级保护枣树救护修复

位于北京市蒙藏学校旧址工地内的一株枣树生长态势一般。复壮前主干可见木质部裸露，存在多处树体损伤，枯枝较多，稳固设施陈旧且嵌入树体。树池约2米×2米，周边为古建筑，整体生境较差。

救护修复措施：清理古树主干和树体损伤部分，对裸露的木质部进行打磨、消杀、防腐处理，整理树冠，清理干支，伤口涂抹愈合剂。清理周边堆积的杂物，扩大树池至4.5米×4.5米，安装新围栏和支撑拉纤加固树体，改良土壤，改善土壤透气性，树池更换园林基质，改善古树生境。

修复前/摄影　曾赞青/

修复后/摄影　曾赞青/

9.2.5　一级保护国槐救护修复

位于北京市西城区富力信庭小区内的一株国槐周边为绿地。复壮前主干可见纵向树洞，封堵物脱落，主干存在多处树体损伤。树枝数量较少，枯枝较多。周边土壤面积大，透气性良好，但建筑物遮挡采光较差，生长态势一般。

修复前
/ 摄影　曾赞青 /

修复后
/ 摄影　曾赞青 /

救护修复措施：拆除旧有封堵物，对树洞内部进行打磨、消杀、除虫、防腐处理，封堵树洞，对裸露的木质部进行打磨防腐处理，整理树冠，清理干支，伤口涂抹愈合剂，东北侧主枝安装支撑。清理树池内影响古树的植物，松土换土，改善古树生境。

9.2.6　一级保护国槐救护修复

北京市西城区厂甸胡同9号院内的一株国槐，周边为水泥铺装。复壮前主干分支处可见纵向树洞，封堵开裂，主干存在多处树体损伤，加固设施嵌入树体，枯枝较多。树池约2米×2米，周边为硬化铺装，透气性较差。

救护修复措施：拆除旧有封堵物，对树洞内部进行打磨、消杀、除虫、防腐处理，封堵树洞，对树体损伤部位进行打磨防腐处理，整理树冠，清理枯枝，伤口涂抹愈合剂，安装新支撑。扩大树池，更换围栏，松土换土，改善古树生境。

修复前 / 摄影　曾赞青 /

修复后／摄影　曾赞青／

9.2.7　一级保护楸树救护修复

北京市西城区三里河清真寺门口的一株楸树，紧邻建筑，生长态势一般。修复前主干分支处可见纵向树洞，未封堵，主干存在多处树体损伤，加固设施陈旧且嵌入树体。枯枝较多。树池直径约3米，周边为硬质铺装和道路，透气性较差，采光一般，整体生境一般。

修复前／摄影　曾赞青／

救护修复措施：清理树洞原有填充物，对树洞内部进行打磨、消杀、除虫、防腐处理，开敞树洞，底部夯实垫高，做好排水。对树体损伤部位进行打磨防腐处理，整理树冠，清理枯枝，伤口涂抹愈合剂，安装新支撑。翻新围栏，松土换土，安装复壮穴和透气孔，改善古树生境。

修复后／摄影　曾赞青／

9.2.8　一级保护白皮松救护修复

修复前
/ 摄影　司国臣 /

位于陕西省洛南县石坡镇李河村，树龄约1100年，树高32米、胸围3.08米，树冠东西长10米、南北长18米，树冠枯枝量占比80%。

该树生长在路边，比邻建筑物。在修建道路地基开挖过程中，损伤了该树南边半幅根系，导致树木长势衰弱。加之路面硬化和修建建筑物，使根系腐烂。根系损伤后，养分供

修复后
/ 摄影　司国臣 /

应不足，树体虫害发生严重，孔洞较多，主干损伤面积较大。

救护修复：对树洞进行填补，用古树专用防腐涂料对树干损伤面进行防腐。安装支撑杆，松土换土，根系保护区安装防护围栏，对病虫害进行除治。

修复前／摄影　司国臣／

修复后／摄影　司国臣／

9.2.9 一级保护核桃树救护修复

位于陕西省洛南县古城镇蒋河村，树龄约1000年，树高31米，胸围5.2米，树冠东西长14米、南北长14米，树冠枯损量占比70%。

由于古树生境地势低洼，长期受污水、雨水等积水浸泡，导致古树根系80%腐烂，主干树皮大面积腐烂剥落，虫害发生严重，生长势衰弱，处于濒危状态。

救护修复：依据技术规范划定古树保护红线，下挖古树填埋层土壤，安装防护围栏，清理杂灌植被，修建排水沟，用古树专用防腐材料进行树洞填补和树干防腐，安装防护支撑，修剪枯枝，进行病虫害除治。

修复前 / 摄影　司国臣 /

修复后 / 摄影　陈勇 /

第 10 章

古树名木
保护性移植技术

10.1　保护性移植的法律法规依据

古树都有上百年的生长史，有些甚至长达数千年。在古树名木保护工作中，保护好古树名木的生长环境，原地保护是首选保护原则。随着社会经济的不断发展，受气候变化、自然灾害等因素影响，有些原生长环境不适宜古树名木继续生长，甚至可能会导致死亡；有些古树名木的生长状况对公众生命或财产安全可能造成危害，且采取防护措施后仍无法消除隐患；有些古树名木因国家实施重点工程项目建设，无法避让或无法进行有效保护时，需要采取保护性移植措施。

各省（直辖市）颁布的古树名木保护条例、管理规定（办法）都对古树名木移植保护做出了明确的规定，经批准后，采取移植古树名木的保护措施受到法律法规的保护。

例如，《陕西省古树名木保护条例》第十五条规定，有下列情形之一的，可以采取移植古树名木的保护措施：

（1）原生长环境不适宜古树名木继续生长，可能导致古树名木死亡的；

（2）公共基础设施或者重要建设项目无法避让的；

（3）科学研究等特殊需要的。

10.2　保护性移植遵循的基本原则

移植的目的是为了更好地保护古树名木。移入地应为同一适宜生态区，一般应就地或就近移植。在进行保护性移植过程中应遵循生境相似、人文相近、树势平衡、对等保护四个基本原则。

10.2.1　生境相似原则

生境是指生物生活的空间和其中全部生态因子的总和。古树名木的生态因子包括光照、气候、土壤条件、温度等非生物因子。古树名木与原生地生境的关系是长期进化的结果，在移植地点的选择上，要求移植定植点与原生地的气候、光照以及土壤类型、酸碱度、干湿度、养分状况、透气性等生态因子相似或更好。

移植前，需要对古树名木原生地和选定移植定植点的土壤条件进行分别测定，并进行测定结果对比。如果土壤类型、酸碱度差异较大，就需要考虑重新选取移植定植点；如果无法改变移植定植点位置，就需要对移植点的土壤进行改良，使其与原生地的土壤条件基本一致或更好，以提高古树名木移植的成活率。

10.2.2　人文相近原则

古树名木是不可再生的稀缺资源，是大自然和祖先留下的宝贵财富。每一棵古树名木都与它生长时期的政治、经济、文化以及艺术审美等有着密切的关系，铭刻着时代的印记，承载着历史的记忆，一般每株古树都会有相关的美丽传说、历史典故或者动人的故事。在移植定植点的选取时，要充分考虑移植地的人文因素、民俗差异，优选与传说、典故或故事相关联的地点，避免产生宗教信仰冲突或民俗纠纷。

10.2.3　树势平衡原则

树势平衡是树体维系养分供给以及健康生长的一个重要标准，在古树名木移植过程中，要求古树名木的地上部分和地下部分须保持基本平衡。移植时，一定会对根系造成伤害，就必须根据其根系分布的情况，对地上部分进行必要修剪，使地上部分和地下部分的生长情况基本保持平衡。因为，供给根发育的营养物质来自地上部分，对枝叶修剪过多不但会影响树木的景观，也会影响根系的生长发育。如果地上部分所留比例超过地下部分所留比例，可通过人工养护弥补这种不平衡，如遮阴减少水分蒸发，叶面施肥，对树干进行包扎阻止树体水分散发等。

10.2.4　对等保护原则

古树名木保护应当坚持全面保护、分类保护、原地保护、属地管理、政府主导、社会参与的原则。根据全国第二轮古树名木普查登记结果显示，已认证的古树名木全部实行了挂牌保护，保护牌中标明了树木的中文名称、学名、科属、树龄、保护级别、编号、养护责任单位或者责任人、挂牌时间等。进行保护性移植后，移出地和移入地的古树名木行政管理部门应及时调整管理属地，变更数据库和保护牌的资料信息，落实移植后养护单位或责任人，并保持古树名木的保护等级不变。

10.3　保护性移植前的准备工作

古树名木移植需要一个较长的过程。古树名木一般树龄长，体量大，长势比较弱，加上这些树木都具有特殊意义，原则上要求原冠移植，不允许大量截枝疏叶，移栽难度大。移植工作具有施工周期长、工程量大、费用高、移植后成活困难等特点，只有准备工作做到位，才能有效提高古树名木保护性移植的成活率。

在古树名木保护性移植前，需要做以下准备工作，并掌握必要的专业技术。

10.3.1　定植点选择

古树名木移植定植地点的选择要遵循生境近似、人文相近原则。

移植定植点的立地环境与古树名木原生环境要相似。实地调研需要移植古树名木的生长周边环境，了解古树名木的生长特性、生态习性。提前对古树名木原有的生存环境进行详细调查和记录。通过拍照或摄影记录古树名木周边的环境状况，尤其是光照状况、地形地貌、土壤种类、土壤pH以及养分含量等均需要进行详细的记录和检测。依据这些最原始的环境信息可对古树名木移植定植点土壤及环境进行适当的改造，使古树名木在移植后有类似的生境，提高古树名木成活率。

调查古树名木原生地与移植定植点周边人文、民俗习惯，挖掘古树名木的历史文化价值，使移植前后传说、故事一脉相承。

10.3.2　提交移植申请资料

根据古树名木保护有关法规规定，需要采取移植保护措施的古树名木，移植申请单位需提前按保护级别向有相应权限的古树名木行政主管部门提交书面的移植申请书和施工方案等相关资料，经批准后方可实施。

申请移植古树名木，一般应提交以下申请资料：

（1）古树名木移植申请书；

（2）申请移植的古树名木的位置（平面图）、现状照片、生长状况调查报告等文件；

（3）古树名木所有权人和当地居民意见；

（4）建设项目立项文件、工程建设许可文件（纸质文件、电子证照或项目文件编码等）；

（5）移入地保护和管理责任人出具的养护责任承诺书；

（6）移植与保护方案。包括：移植必要性和合理性说明，移植施工方案，移植保护措施，五年内养护管理措施，落实移植古树名木的费用以及五年以内的养护费用等情况。

古树名木移植施工方案主要包括材料、机具准备、移植季节、切根处理、修剪方法和修剪量、挖穴、起树、运输、移植技术与要求等。古树名木移植保护措施主要包括支撑与固定、养护管理、应急抢救及安全措施等。

10.3.3　选择移植时间和天气

选择正确的移植时间是保证树木成活率的关键，不同季节对树木移植成活率的影响如下。

春季：树木在冬季储藏了大量养分，树体重量（立方米）较重，随着地温、气温的升高，树木苏醒，生长加速，有足够的底气，所以种植时易成活，可作为首选移植期。

夏季：由于地温、气温、水分等因素，树体内新陈代谢十分旺盛，在冬春季储藏的养分减弱至最低，树体重量最轻，水养分消耗量较大，生长旺盛，所以移植成活率低，不建议移植。

秋季：由于地温、气温的下降，树木生长减弱，树体代谢变慢，水分蒸发也减少，落叶树进入黄叶期，季末可作为次选移植期。

冬季：多年生植物进入休眠期后，树木体内的生理代谢活动并未停止，是储存积累养分的时期，蒸发量减少，生理活动十分微弱，此时树体重量最重，容易受到冻害，虽然移植成活率一般，但是也可以移植。

随着科技不断发展，特别是对移植定植点的小气候人为干预，树木的移植施工对季节依赖的敏感程度在降低，在一年四季中均可施工。古树名木作为挂牌保护的不可再生资源，无特殊原因，移植施工一般建议选在春季或秋季。

大多数树木在冬末春初都处于休眠或半休眠状态，各种代谢活动减弱，落叶树落叶，常青树的叶片蒸腾作用减弱或几乎停止。选择这段时间移植，树木移植成活率比较高。

移植时，一般情况下选择在阴天无雨时或晴天无大风时，也可选择连续阴天或者降雨天前后。选择适宜的移植时间，尽量减少古树名木水分散失，提高成活率。

10.3.4　断根前修剪技术

移植前，要对古树名木进行必要的修剪，在挖掘时可保持树根与树干水分代谢平衡，提高移植成活率。原则上只将一些交叉枝、病虫枝、破损枝、重叠枝、下垂枝、弱枝，还有一些过密枝进行剪除。

修剪以内膛枝为主。修剪枝直径一般不超过10厘米。

修剪后伤口必须刮净，做消毒、防腐处理。

注意修剪不能改变树冠形状和古树神韵。

10.3.5　断根前水肥管理技术

移植前，要对古树名木树冠下杂物进行清理，对影响施工的搭建物进行拆除。在断根前一个星期，一般要进行适当的补水和充分的营养补充，保证树木在起根后能得到充分的水分，从而提高古树名木的存活率。一般以树干为圆心，树冠投影向外延伸1～3米画圆作为补水和营养补充区域。

10.3.6　断根技术

移植前，需对古树名木进行预先挖掘、断根、预留土球、回填原土养护，待移。预留土球直径约为胸径的8～12倍，或以要移植的古树名木的根径的周长作为半径，以树干为圆心划定土坨。

通常在古树名木确定要移植的一年前开始做断根处理。断根处理需做2～3次分期断根，采用多时段、在树根周围分批挖沟、逐步断根的方法。

具体操作方法是，在计划移植古树名木的前一年，以古树名木的树干为圆心，以树木根径周长1倍（有条件的话可扩大到1.5倍）为半径画圆，选取整个圆的1/3圆弧用于第一次断根，断根所挖的条沟标准一般以深度1米、宽0.5米为宜。挖沟时遇到较粗侧根用手锯锯断，伤口要平，不能开裂。沟挖好后，填入肥沃疏松的泥土，每填入30厘米进行夯实。填满后浇透水，如泥土下沉，继续填土至满。断根完成后，应及时喷洒植物抗蒸腾防护剂，雨后应重喷。经过2~3个月后，新根长出，再按照同样的办法切断另外1/3的树根，以此类推，直至全部断根。经过一年的养护后，根部切口长出大量新须根后，再进行移植。采用此种办法处理的树木，新根都生长在断根所挖掘的弧状沟中，因此起土球的时候一定注意将土球的半径在原弧的基础上外扩30~50厘米。

10.3.7　树体保护技术

清除古树名木上的所有杂物、捆绑的绳索及铁丝等，在清理过程中，如果发现伤口应及时做消毒、防腐处理。

移植前，首先要对古树名木的树干稳定性进行评估。树干有中空、开裂、较大树洞的古树名木，要先对树干进行必要的修复保护，即清除腐朽杂物，对腐朽面做杀菌防腐处理，并填实树干中空，填补开裂树干，修补树洞。其次要对树干采取包裹保护措施，减轻吊装过程对树干的伤害。树干包裹一般采用草绳、麻布片等缠绕，通常从根颈包裹至分枝点处，分枝点较多的树木，至少应缠绕至3米高处。包裹前应先对树干进行杀菌处理。

挖掘前，对古树名木的树体进行固定，可以在树体的主干部分或者是大侧枝上加垫垫层，采用绳索或钢管固定，一般根据古树名木的实际情况，采用三根以上的绳索，其中一根必须处在主风向的位置，其他的绳索均匀分布。

挖掘前，还应喷抗蒸腾防护剂，减少水分流失。

10.3.8　定向标记树木朝向

在移植的古树名木树干上标出南、北方位，使其在定植时仍保持原方位栽植，满足它对蔽荫与阳光的要求，以尽快适应新环境。

10.3.9　移植所用到的器械和工具

移植古树名木前，应提前准备好移植工作所需要的器械、工具、材料等。例如，锄头、铁锹、手锯、木块、麻绳、吊车、运输车辆等，并由专人负责落实和管理。

10.4　保护性移植施工技术

古树名木保护性移植要制订相应的移植和养护方案，确保古树名木移植"保得住、留得下、养得活"。移植施工包括挖掘、吊装与运输、栽种等核心工序，尽量做到随挖、随运、随种，在这些技术环节中应充分保持树体水分平衡，提高古树名木的移植成活率。

10.4.1　挖掘技术

古树名木由于年代久远，树干或有中空，主枝常有腐烂、死亡，造成树冠失去平衡，树体容易倾斜，又因树体衰老，枝条容易下垂，经常会有钢管或其他支撑物加固，支撑物下端一般用混凝土基加固，移植挖掘时应将原有支撑与树干固定，一同随古树名木进行整体移植。

古树名木的挖掘施工有以下5个环节。

（1）支撑保护

挖掘时，通常选用2根钢管材料做成支撑杆，支撑在树干的两侧，具体操作中，需要根据实际需要确定支撑杆的数量和长度，防止在挖掘时古树名木向一侧倾斜，钢管的长度根据古树名木主枝干的高度决定。支撑杆和树干要紧紧相连，支撑脚用混凝土浇筑，支撑杆不可直接接触树皮，连接处要垫上软物防磨损，如海绵、橡胶等。

对主枝干采取保护措施。在古树名木的各个主枝干分枝点1米左右做刚性支撑加固处理，确保在运输过程中，枝干不被压坏，保证主枝干、整体树形不被破坏。

（2）挖掘放线

乔木挖掘土球大小标准为：以树木根径（树木地表根部的直径）的周长为半径，即土球实际直径为树木根径加上根经周长的两倍，土球高度一般为土球实际直径的3/4。古树名木挖掘土球可参考此标准，由于土球较大，所以为了保持土球完整，一般挖成土台形状。

标注挖掘线前须先将表土清理干净，露出表面树根。选取树冠观赏面时，应以树干为中心，准确画出比要求尺寸大5~10厘米的正方形土方，最后在土方外80~100厘米处画一圈呈正方形的标记线，作为挖掘范围。

（3）挖掘土台

在挖掘范围内开始挖掘古树名木，挖掘的土沟壁需规整、平滑，不能向内凹陷。挖出的土要及时运走或者平铺，按照要求修整土台，土台的四角要比木板箱大，土台表面需平滑，不得出现碎石、树根等杂物。

（4）安装木箱板

土台修整好后开始装四面的边板，合理控制上边板口和下边板口的大小，不能超过土球的大小。靠板箱时，把土台的四角用软物垫好，用木头把土台坑边支牢，土台靠近板箱之后，检查土台与板箱的牢固度，也可以把圆木桩垫在板箱和土球之间的钢丝绳处，两面用驳棍转动同步收紧钢丝绳，让箱板贴牢土球，再用敲打的方法检测钢丝绳是否收紧。

（5）土球掏底

以沟槽为基础往下挖，直到挖出规定的深度，再对土球进行掏底。掏底的宽度要根据板箱的宽度决定，掏底时留土略高于箱板下沿

10厘米，如果掏底时出现粗根，应将粗根锯断，再安装木板箱。安装木板箱时，处理好木板箱底板、顶装和下部。用木墩支紧板箱底部，然后用油压千斤顶顶起木板箱，再用锤子以均匀的力度敲击铁钉入木板，最后用木头把箱板顶部、沿壁支牢。在进行土球内部掏底时，工作人员切忌把头探到土球底部，以免发生意外。如果土球底部松散，在底板上垫蒲包片，密封箱底；如果底板出现亏土、脱土的情况，需要把蒲包装满土进行填充，完成后，方可安装底板。底板安装好之后再安装上板，修整表土，表土中间的平整高度要大于边板外沿高度，上板的长度等于箱板外沿的长度，在上板处垫上蒲包片，并用2条钢绳收紧箱体周围。

一般古树名木的体形较大，所需要的土球体积也较大，需要利用钢架对其进行固定，防止土球在起吊过程中松散或运输中散掉。

10.4.2　吊装与运输技术

古树名木的树冠与树根体形较大，在起树的时候要重点做好树根与树冠的双重保护，不能让两者在这一过程中受到任何的伤害或折断。使用重型机器对其进行转移的时候必须保证不伤害到这些树木的树身，而且在移动的过程中也必须做到两边平衡，保证树木不会发生从中间折断的现象。

起吊时，起吊点应选择在土球或古树名木根径处，如发现有未断的底根，应立即停止起吊，切断底根后方可继续。古树树龄长，树干粗壮，挖掘的土球大，一般都需要采用钢架固定土球。起吊时还要在钢架上固定另外的绳索，多条绳索要均匀布设，防止在起吊过程中倾覆。

装卸古树名木时，要保证木箱的完整性，栓绳尤为重要，时刻注意板箱栓绳的收紧度，木箱底部可利用两道"工"字形钢钉收紧。另外，利用钢丝绳围住木箱板底部，在钢丝绳的一头垫好蒲包，在树干处拴好，另一头套到吊钩里，用装车起吊古树名木。应根据古树名木的重量、大小、形状选择合适的吊车、板车，也可以选择夜间运输，保证古树名木安全到达。

在运输时，相关部门要互相配合，制订合理的运输路线，利用大型运输货车运输。必须严格遵守古树名木运输方面的相关法律法规。运输中，在装车和卸车过程中，要轻起轻放，不要碰敦根部的土球，也不要碰伤树干，注意遮阳、防止脱水。在装车时应放入缓冲物并将主枝干进行捆扎固定，防止大树主枝干与车辆之间相互发生碰撞。

10.4.3　栽植技术

古树名木的定植与普通的树木栽植本质上是相同的，但是要给予其更多的重视。移植定植古树名木时要特别注意，栽植深度和覆土厚度，适当浅栽，全面覆土。古树名木运输到移植地点前，在定植地要根据移植的树木形状，挖掘好树穴，保证土质的肥沃。对穴土进行必要的灭菌杀虫处理，防止穴土中会有害虫的存在。如果条件允许，可以提前根据古树名木的特性配制一些相对应的营养土备用，防止后期出现营养不良的情况。

在栽植的时候，先在穴底铺上一层富含营养的泥土，然后轻轻地拆除树根土球上的钢架和包裹物，借助吊车自身的力量慢慢把大树移入土穴中并扶正。在扶正的时候，一定要注意朝向问题，保持移植前原有朝向，谨防出现倾斜现象。然后进行填土，逐一分层回填并踏实，要在树根的土球四周以及地表铺上营养土，这样可以大大增加树木的存活率。当回填泥土达到土球高度的2/3的时候，要浇灌第一次水，使回填的泥土充分吸水，等到水完全渗透完毕后再进行填土，直至地表。完成这些工作之后，需要在树根的外围部分修一道0.2～0.3米高的围堰，然后进行第二次浇水，这个时候一定要浇足浇透。做完这一步之后，要仔细观察树根周围的泥土有没有下沉或者干裂的现象，如果出现这种情况，就要根据实际情况填土加水。

古树名木移植定植后，必须进行相对应的树体固定工作，要谨防大风出现的时候树木遭袭，从而导致树木倾倒、歪斜甚至出现断裂的情况。支撑宜用多角支撑，支撑点应在树干中上部位置，要固定牢靠。支撑宜采用钢管或其他材料。当定植穴土壤下陷时，应及时检查，必要时调整支撑。支撑杆除对移植古树名木有加固作用外，也有利于移植后树木自身的根系生长。

10.5 | 保护性移植后养护管理技术

树木移植是"三分种，七分养"。精心养护是确保移植成活和树木健壮生长的关键环节。在移植后1～3年里，日常养护管理非常重要，尤其是移植后的第一年养护管理。具体的养护管理技术有水肥管理技术、自然灾害预防技术、病虫害防治技术、复壮技术、设置围栏技术等。

10.5.1 水肥管理技术

（1）筑堰浇水

古树名木定植后应在略大于定植穴的直径周围，用细土筑高20～30厘米的围水堰，围堰应人工踏实或用铁锹拍实，做到不跑水、不漏水。必须在24小时以内浇第一次水且必须浇透，可以保证根系与土壤密切接触，从而促进树木根部的发育，俗称"定根水"。以后应视土壤水分情况适当浇水，每次浇水都要做到干透再浇透，表土干后要及时进行中耕，以利于土球底部的湿热能够散出，以免影响根系呼吸。同时为了有效地促进新根的生长发育，在进行浇灌的时候还可以加入适量的生根剂。

（2）水分管理

养护期中，要注意浇水，一般以"不干不浇，浇则浇透"为原则。为了使树叶免遭灼伤，可以在树冠外围搭盖遮阳网，这样能较好地挡住太阳的直射光，减少树叶水分的蒸腾。

为了保持树干的湿度，减少树皮蒸腾的水分，可以用喷雾滴灌系统给树冠喷水、包裹树干、喷抑制剂等办法。

（3）树盘覆盖

树盘覆盖工作实质上是为了减缓地表的蒸发，防止土壤出现板结现象，保证整体的通风透气。一般情况下采用稻草、麦秸、锯末等覆盖树盘。最好的覆盖办法是采用生草覆盖，就是在移栽的土地里种植豆类、牧草类的植物，既覆盖了地面，又改良了土地，一举多得。

（4）养分管理

古树名木定植后，为促进根系发育，必须马上设置施肥沟。在栽植坑外挖宽0.6米，深1米的施肥沟。施肥沟挖好后，均匀填入无污染的园土，每填40厘米客土加一层30厘米厚的生物介质。也可使用古树名木专用肥料，最后填上透气性好的园土40厘米，踩实，并立即灌水。

10.5.2 自然灾害预防技术

（1）风灾

古木的树冠一般较大，在风中迎风面积大。古树名木在移植初期，易发生晃动，会使刚长出的新根断掉。大树移植后必须考虑大风对树木的影响，及时做好支撑加固，甚至摘去部分树叶减轻受力，保证古树名木成活。

（2）雪灾

古树名木生长期长，冠幅大，枝叶密，下雪天容易在树上积雪，遇到中雪以上的天气时，应及时组织人工除雪，防止枝枝被压断。

（3）雷电

古树名木树体高大，一般生长在所在区域的制高点，其遭受雷击烧毁的概率极高，应请专业公司进行避雷设施的设计安装。所有设施的安装施工，以不影响古树名木的正常生长为前提，还需考虑古树名木自身存活、对其附近生物、设施安全的保障及与周边景观的融合等因素。

10.5.3　病虫害防治技术

病虫的危害是古树名木衰败的主要原因之一。因为古树名木大多树势较弱，抗逆境能力差，容易受到病虫害的侵袭，移植后的古树名木在1～3年处于恢复生长期，树势更弱，更容易受到病虫害的侵袭，依据"预防为主，综合防治"的病虫害防治原则，尽量做到"早监测、早预警、早发现、早控制"，加强移植后古树名木日常巡查监控力度，及时发现，及时甄别，针对病虫害的不同类型、情况和等级，制定精准对策，采取物理机械防治、生物防治、化学防治相结合的综合防治措施，保证古树名木正常生长。

有害生物综合治理是一个管理系统，它并不要求彻底消灭有害生物本身，而是要控制其危害，即将有害生物的种群数量控制在可控水平之下，确保古树名木移植成活、树势旺盛。在古树名木的病虫害防治过程中，要仔细研究每一种病虫害的生理习性，根据其习性来决定采取什么防治措施，什么时间防治，通过合理防治手段，达到高效防治的目的。

10.5.4　复壮技术

（1）输液促活

给古树名木注射营养液，可以解决移栽过程中的水分供需矛盾，补给养分，促进新移植的树木生根、发芽和增强树势，提高古树名木移栽成活率。

输营养液需在树干上打孔，可使用5～6毫米电钻钻头，在根径、树干或一级分枝处的上下方，向下倾斜45°打吊注钻孔，钻孔深度至木质部5～6厘米。将液体挂在高处，针头插入孔内，打开输液开关。胸径50厘米以上的古树名木，可钻4～8个孔，各钻孔应避免在同一水平线或同一垂直线上。

输液次数视树势情况而定，一般2～4次。营养液输完后，将瓶内及时灌入洁净水继续输水，每天一瓶，至古树名木完全恢复长势为止。

（2）埋设透气管道

在古树名木保护范围内埋设8～10根透气管，透气管可以采用直径10～20厘米的PVC管，透气管长100厘米，管上打满孔径1厘米的孔，在日常养护工作中，应多加注意透气管是否堵塞，管外面用土工布包裹，将这些透气管均匀地埋在古树名木保护范围内。埋设后，用网袋装鹅卵石填充透气管。

（3）设置复壮沟

在古树名木树冠投影的边缘内外1米处，挖掘多个沟穴，沟穴的深度和直径可根据情况决定，沟内埋两层果树或豆科植物的枝条，再埋一层腐殖土，隔层埋入有机肥，再次覆土。注意每个复壮沟的中央放置一个透气管，透气管需离地面一定的距离，管壁打孔，用棕片等盖于其上，并密封好。

（4）去萌抹芽

移栽成活的大树，会发出很多萌芽，要根据树种特性和树形要求，进行去萌抹芽。抹芽时在适当位置保留健壮枝芽作主枝、侧枝，使树冠丰满，树形美观。

10.5.5　设置防护围栏

古树名木应设围栏挂牌保护，防止车辆、行人以及野生动物的破坏。建议在树冠投影外3米处设立围栏；如果条件不允许，一般在不低于树冠投影面积处设置围栏；特殊情况下，围栏设置以游人摸不到树干为最低要求。围栏的材质可以是钢、木材、石材或水泥等，以美观大方、安全牢固为宜。

第 11 章　古树名木档案管理

古树名木的档案管理包括古树名木的档案建立程序、档案建立内容、档案保管和更新、档案的应用是从档案的建立到档案的核销等一系列完整的管理过程，分析档案管理的必要性，并提出相应要求，最终给出档案管理建议。

11.1 | 档案管理程序

档案管理是一项系统且完整的工作，需要一个成熟的程序，涵盖本项工作的所有关键流程和步骤，以保证每个档案内容完善、记录详细、更新及时。一般应包括以下程序：

（1）搜集资料

这是档案管理的第一个步骤，资料的搜集来源主要分为两个部分，一是管理人员对古树名木档案资料的实地踏查及电子检索内容，二是当地群众对古树名木档案建立的主动提供。这些资料包括但不限于文件、电子信件、图片、视频以及书面记录等。

（2）资料整理

资料从不同渠道收集上来后，需要进行一定的分类。按照当地古树名木的档案记录方式，选择以某一标准（主题、类型、时间、树种等）来完成资料整理工作。该步骤主要进行资料的分组，确定收纳关键词，是后续资料查找和检索的重要程序。

（3）建立档案

整理好的资料按照一定的流程建立完善的古树名木档案。档案的建立主要包括纸质版和电子版内容，纸质版档案需要完整保存收集的资料原件，按顺序排列后进行归档；电子版档案在完整保留纸质版档案内容的基础上，添加关键词（名字、日期、时间、作者、主题）信息，用于后期快速索引。

（4）文件分级

以古树名木的分级实现古树名木档案分级管理。古树名木可按年龄分为百年古树、千年古树等，按照古树的分级标准，设定相应的档案分级管理内容，可完善当地档案的信息分类，识别古树特点，做到有针对性的保护。

（5）保护备份

为了确保档案的安全性，所有的电子档案均应完整备份工作，避免珍贵的古树名木档案因病毒、黑客攻击等外力因素以及电力、水浸泡等内因造成的损失。同时，古树名木纸质版档案也应按照档案管理要求完成相关备份工作，复印件可用于档案的借阅、展览、科教等工作。注意档案室的通风、防潮、防火等，保证档案原件的完整性。

（6）文件销毁

该步骤在需要删减老旧的档案记录，或出现古枝死亡等情况时启动，确保古树名木档案的精炼性和必要性。当文件需要销毁时，应填写相关申请证明，经有关部门审核同意后，谨慎删除，但应在档案中保留销毁记录，保证文件的机密性，同时做到所有内容有迹可循。

11.2 | 档案管理内容

11.2.1 线下管理

（1）实地踏查

实地踏查属于档案的收集工作，获得古树名木现场的一手数据，调查古树名木的生长状况，包括树体健康情况（主要指伤病，包括病虫害、树洞、枝干中空、皮干伤腐、根伤等）、树体稳固性（主体稳固情况以及侧枝稳定情况）、树体年龄情况（树龄鉴定情况）、环境干扰情况（如物种竞争、地面情况、建筑设施、土壤状况等）、保护性破坏情况（围挡、地面铺装、支撑性破坏、修复性破坏、施肥等）、以及救护复壮开展情况（土壤改良、伤病修复、支撑情况等）。一手数据的获得是档案工作开展的基础，做好收集工作可让整个档案管理工作事半功倍。实地踏查工作应尽可能详细、完整地记录古树名木现场情况，同时拍摄相关照片或视频，为后续工作奠定基础。

（2）登记造册

实地踏查后，对登记的档案进行整理后，完成档案的造册工作，这里的造册主要是纸质版档案工作的建立。档案建立遵循规范性、完整性、清晰性等要求。规范性：指格式正确，档案工作应有统一的填报格式和填报内容（编号、符号、公式等使用正确），保证档案立项工作不缺项、不漏项。完整性：按照规范的格式填写档案内容，对所有调查的工作合理总结，不遗漏任何工作细节。清晰性：文件材料内容需填报清楚，如有手写内容，应字迹整洁，使用耐久性强的蓝黑墨水、碳素墨水进行记录。完成登记造册工作后，进行档案的价值鉴定工作，划定古树名木保护级别，依据保护级别确定古树名木档案的管理级别，进一步有效地进行古树名木档案管理工作。

（3）巡护更新

古树名木档案并不是一成不变的，档案记录随古树名木生长状况而改变。古树名木档案建立后，按古树名木保护级别，定期巡护、观测、记录古树名木生长和伤病情况、立地环境状况等，及时更新档案中的相关内容。档案更新也需要按照一定的流程，首先完成更新申请工作，提交相关材料后，交有关部门和专家审核，审核通过，纸质版和电子版档案同时完成更新。更新工作也应保留记录，对更新前的档案，应妥善处理，部门审核评估后给予销毁或保留意见。

（4）永久档案

古树名木保护不是一蹴而就的，是需要我们长期坚持的工作，古树见证历史的变迁，记录岁月的痕迹，与古树共同成长，我们的保护工作需要建立长效机制。长效机制的建立可体现在古树名木档案管理工作中，对于有科研价值、历史价值、生态价值的古树群落，管护单位建立古树生长年度观测永久技术档案，定期巡护，详细记录古树名木的生长及生境状况、保护措施等，为后续的研究和观察等科研技术工作提供依据。

11.2.2　线上模式

（1）一树一档

古树名木是人类文明的见证者，是历史变迁的记录者。无论是纸质版档案还是电子版档案，古树名木的档案管理都应按照"一树一档"的规定来完成。一树一档的工作要求是，建立完整的古树图文档案和信息数据库，保证动态监测管理；在保证对古树树体完全监测的基础上，还要扩大对古树生境区域的监测，保证古树健康、自由的生长环境。一树一档工作的进行，使得古树名木的保护工作更具有针对性和建设性，为后续的保护研究工作提供具体资料，提高工作效率。

（2）分级数据库

古树名木档案管理是一个庞大而细致的工作，对档案，尤其是电子档案的有效管理，能大大提高工作效率，减少管理人员的工作压力。电子档案的管理可进行分级处理，按省级、市级、县级建立数据库，县级数据库应详细、规范记录当地所有古树名木档案内容，市级数据库应全面、规范记录所辖县区古树名木档案，省级数据库应整合、归纳记录所辖市级古树名木档案。分级数据库的建立，可极大节省档案记录管理空间，同时又具有指向性，使得古树名木档案管理工作有的放矢。

11.2.3　档案的保管

针对古树名木的纸质版档案保管主要是保障档案的材料完整和内容清晰，从防盗、防水、防火、防潮、防霉、防虫、防尘、防鼠、防太阳光直射、防有害气体、防极端气温等方面进行。

防盗：纸质版档案馆中应齐备防盗措施，如加设防盗门窗、安装摄像头等。

防水：档案馆地面建设应铺装防水材料，避免屋内或邻近房间管道破损时，水渗透弄湿档案。

防火：档案室周围要严禁火源，室内禁止吸烟，同时配备灭火器等器材。

防潮：南方等湿度较大的城市，在档案室内还应配备除湿机或放置吸潮剂，防止回南天、梅雨天等对档案的侵蚀。

防霉：霉菌对档案的侵蚀会导致档案字迹不清晰等问题，保持档案室内正常通风，同时做好防潮措施。

防虫：档案室内应摆放防虫药剂，防止飞虫等破坏档案。

防尘：灰尘也会损害档案内容的清晰，档案室应定时清扫地面，同时用干毛巾擦拭档案盒子，安装双层窗户防止尘土。

防鼠：档案室内放置老鼠药或老鼠夹，避免老鼠等啮齿类害虫对档案的破坏。

防太阳直射：档案室内应配挂窗帘或防晒窗户，照明灯改为白炽灯，避免紫外线对档案纸张的损害。

防有害气体：档案室内定期通风，防止有害气体的堆积对档案的伤害。

防极端气温：档案室内应配备空调等调温设施，避免极端气温对档案的侵害。

针对古树名木的电子版档案保管主要是保障档案内容完整和系统

的流畅。定期对电子档案进行查阅，检查档案的完整性，检验档案系统的流畅性，发现漏洞，及时修补，定时升级，完善电子服务技术。

11.2.4　档案的利用

古树名木档案利用主要包括查阅、复制、外借、咨询等内容。

（1）档案查阅

是档案室向利用者提供档案信息的一种服务。档案室提供阅览室，配备必要的阅览设施，安排相关服务人员，准备参考资料，该服务能为利用者提供良好的阅览条件，又可保证档案的保密性。档案查阅遵循一定的流程，首先利用者向档案馆提出申请，撰写查阅目的、时间等内容，经审核通过后，按约定的时间到档案馆进行档案查阅工作。

（2）档案复制

根据利用者的合理需要，以原件为依据制作档案副本或摘录本给利用者的服务。副本指复制档案原件所有内容的文本，摘录本指复制部分档案内容的文本，两者可统称为复制本。档案复制本可通过手抄、复印、数字打印等方式制作，制作后为防止再行复印，复制本需和原件仔细校对，注明材料出处后加盖公章。

（3）档案外借

指档案室向利用者提供档案借出使用的服务。按古树名木档案的保护等级，履行相应的审批手续，为保证档案的安全性，借出时间不宜过长，利用者应详细登记借出时间、借出目的、借出单位、预计归还时间、联系方式等信息，到达约定时间未归还档案者，档案管理人员应及时打电话催促。

（4）档案咨询

指档案管理人员以古树名木档案为依据，通过解答问题的方式，向利用者提供档案咨询的服务。该项服务属于专题性解答，主要是为解决利用者急需完成的任务或了解当地古树名木档案管理保护状况等，该工作有涉及档案众多、发掘程度深、针对性强等特点，需要利用者与档案管理人员充分沟通，共同制订方案，有计划、有重点地查找档案，快速、高效地取得成效。

11.3 档案管理的必要性

古树名木的档案既是古树的"名片"，也是古树的"身份证"，更是它们的"成长记录册"。古树名木档案应主要包括古树的立地环境、生物学调查、伤病调查、环境干扰调查、伤病修复情况、环境治理情况、病虫害防控等内容，从古树自身和古树生境两个角度记录古树的健康状况。古树名木的档案管理包括建档、更新两部分。建档指将符合条件的古树登记并记录在档，更新则是追踪古树生境变化和自身健康状况，完善古树损伤修复情况。

古树名木档案的有效管理是高质量保证古树名木健康的需要。古树名木的健康包括自身健康和立地生长环境健康，通过建立古树名木档案，可以快速、及时、准确地掌握和了解地区古树名木健康情况、特点和现状，为林业相关部门制订有针对性的保护改造方案提供一手资料。同时能够动态监测古树的自身和生境变化，对有问题的古树，早发现、早干预、早治疗，及时遏制可能出现的危害古树健康的现象。档案还可作为古树名木的"病例"，对古树出现的树体伤病、生长环境破坏、树体保护修复、病虫害治理等诊断和修复情况，及时更新记录，做到有据可查，成为古树名木的"成长记录册"。

古树名木档案的有效管理是推动古树名木宣传建设的需要。古树名木具有重要的生态、文化、景观、历史、科研、旅游、经济、开发等价值，是地区拓展知名度有力的"名片"。古树名木的档案建立，不仅是对古树的介绍，更是对当地风土人情的解析。靠山吃山，靠水吃水，古树的健康成长是对地区生态环境良好评价的保障，是宣传推广当地旅游文化资源的"活招牌"。从古树名木的档案中发掘地区变化，是地区文化历程的真实印证。对当地来说，无论是横向的现实剪影，还是纵向的历史变迁，在古树名木的档案中可见一斑。

古树名木档案的有效管理是快速推广古树名木治理方案的需要。第二轮全国古树名木普查结果显示，全国范围内的古树名木共计508.19万株，包括散生122.13万株和群状386.06万株。散生古树的树龄主要集中在100～299年，共有98.75万株；树龄在300～499年的有16.03万株；树龄在500年以上的有6.82万株，其中1000年以上的古树有10745株。如此数量众多的古树，可能并不是全部健康生长，许多急需人们的救助，但古树名木专家人员稀少，奔赴全国展开救助的可能性微乎其微。首先对有特点的古树进行针对性救助，再逐渐铺开救助范围的方案比较可行。古树名木的档案建立，可对有相似伤病的古树救助进行初步评估，拟定救护方案，加快古树名木的保护治理步伐。

古树名木档案的有效管理是高水平贯彻落实国家政策的需要。党的二十大精神和习近平生态文明思想深入人心，古树名木的保护管理是落实习近平总书记关于古树名木保护重要指示批示精神的有效方法。目前，古树名木的档案管理工作尚未形成一定的程序和规模，各地档案建设水平参差不齐，收集和整理内容尚未统一，查阅十分不便。有效的古树名木档案管理，可为研究古树名木的长效保护机制提供依据，是落实习近平总书记批示精神的必由之路。

11.4 | 档案管理的要求

档案管理应遵循以下要求：

（1）实事求是

古树名木档案建立的首要要求是实事求是。以古树名木的实际情况为依据，建档时，真实准确记录古树的生境状况、自身健康状况、日常管护责任人、巡护记录、救护记录、种质资源保存等内容。档案内容发生变化时，应及时变更纸质版档案和电子档案，并上报相关管理部门，经重新审查同意后留存完整记录。如档案需要销毁，也应按照古树名木的死亡鉴定流程，记录鉴定过程中的相关内容，形成销毁文档。古树名木的所有变化都做到有迹可循，保证每棵古树名木有档可查。电子档案与纸质档案的内容应保持一致。

（2）流程清楚

古树名木初次建档、变更内容、交接材料等均应有明确的流程。下图为河南商丘古树名木建立档案和标记的流程。在进行古树名木档案内容变更时，也应有流程可依，清楚地规定应提交的材料，如变更时间、变更地点、变更原因、变更条件等，最好能辅以视频和图片材料，纸质版和电子版同时备案，提交相关部门审核后方可变更，变更成功后，还应在相关网站上进行公示。当遇到归属部门变更时，档案交接也应按照一定的流程，交接前后机关应当编制本单位文件材料归档范围和档案保管期限表，经同级档案行政管理部门审查同意后施行。

（3）责任清晰

档案管理工作应实行统一领导，分级管理的办法。中央、地方主管机构的档案管理部门按照古树名木的保护救助特点，对本系统内及直属单位的档案工作进行监督和指导，划分档案管理区域和级别，明确档案管理责任人。国家档案行政管理部门负责全国古树名木档案工作的统筹协调、统一制度，主管中央档案工作。地方档案行政管理部门在上级档案行政部门的指导下，负责本行政区域档案工作的组织规划、制度建设，监督行政区内的档案工作。

（4）与时俱进

档案管理工作要适时引进新的管理手段。档案管理工作是逐渐变

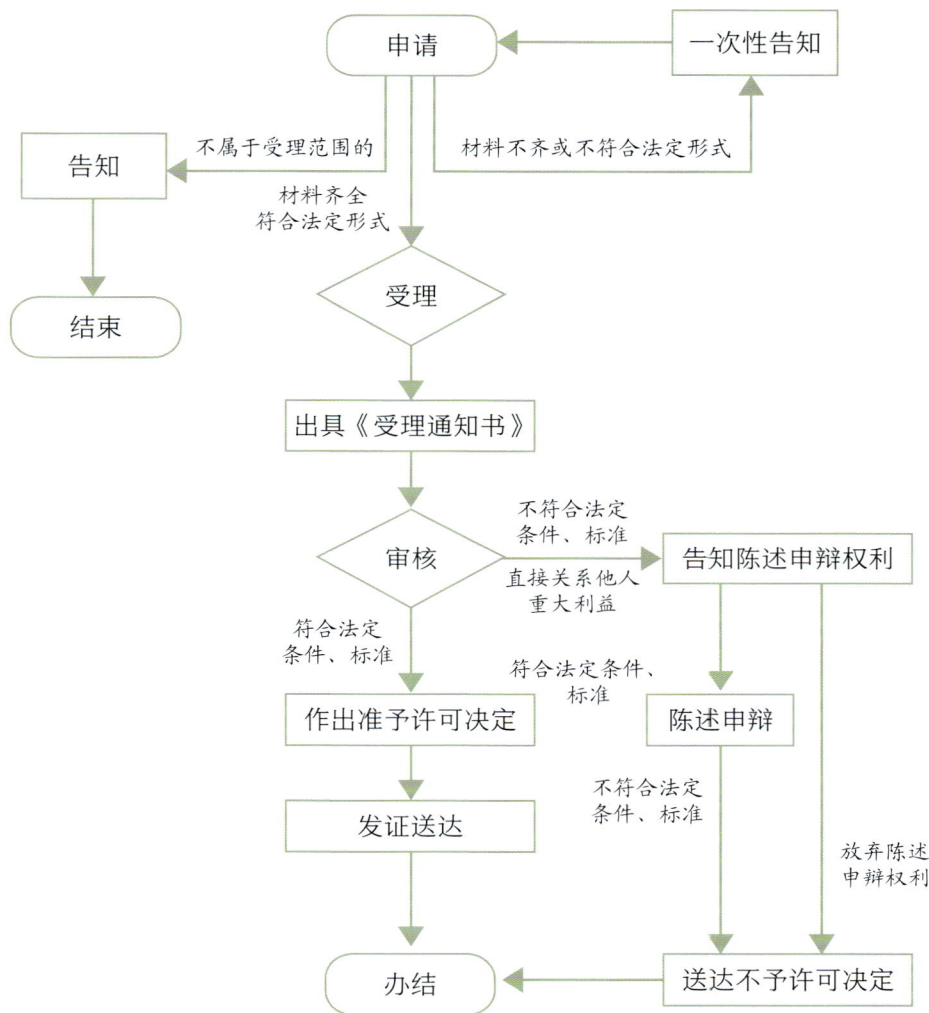

图 11-1　商丘市建立古树名木档案和标记图

化的，最初的档案只是几张薄薄的纸，档案逐步增多后，管理人员以册为单位进行命名和归纳，接着以本或盒为单位整理，纸质版资料逐步完善后，又引进了电子档案。电子档案的引入，提高了档案的搜索速度，加快了档案的整理步伐。新兴管理手段的应用，是档案管理工作必不可少的进步加速器，不仅可以提高管理质量，为枯燥的工作注入新的活力，还能吸纳和培养新兴管理人才，提升档案的利用频率。

（5）安全完整

古树名木档案管理最重要的要求是安全完整。从档案立档工作开始，按档案组卷要求，由专人整理，按档案管理规定装订后统一保管。因工作需要借阅档案时，必须办理相关手续，档案管理部门明确记录借阅人、借阅时间、归还时间、归还时档案是否完整等关键信息。档案必须进行定期检查和整理，以保证档案的完整性。对有问题的档案应及时联系档案立档人和有关部门，重新核实古树名木的状况，评估后完善档案。同时，档案工作人员应做好防盗、防水、防火、防潮、防霉、防虫、防尘、防鼠、防太阳光直射、防有害气体等工作。档案室内严禁吸烟、存放易燃和易爆物品，从而保证古树名木纸质档案的安全、完整、整洁，内容清晰可见且符合实际情况。

11.5 档案管理的现状

对于古树名木档案管理行动，不同省（自治区、直辖市）各有千秋。

2002年，上海市人大常委会通过《上海市古树名木和古树后续资源保护条例》，条例中表明"区、县管理古树名木的部门应当对本辖区内的古树和古树后续资源进行登记，建立档案，并报市绿化局备案"。紧接着，上海市古树名木保护工程办公室制定了《上海市古树名木和古树后续资源档案管理制度》，在全国首次提出"一树一档"，明确规定了古树档案的管理机构、档案整理、档号构成、归档内容、保存年限、档案管理人员的职责、档案的利用等内容。2015年，更新后的上海古树名木档案，采用活页形式整理成册，以古树的生命历程为主线，分申报材料、每木调查材料、养护抢救材料、建设时期材料、古树注销材料和其他材料六大类内容进行归档。内容齐全，整理方便。

2009年，安徽省第十一届人民代表大会常务委员会第十五次会议通过《安徽省古树名木保护条例》，明确了古树名木保护的行政主管部门管理职责。

2020年，山东省发布地方标准《古树名木管理规范 第1部分：档案管理（DB37/T 3981.1—2020）》。同时运用RFID技术管理古树名木档案，高射频识别技术的运用让古树名木的相关档案活灵活现。

2022年年初，贵州安顺基本实现古树名木档案的数字化管理。以大数据为基础，进行古树身份档案信息"一树一档"的信息编录，录入照片，制作二维码，既可向公众普及知识，又可对古树长期监测。

2022年，浙江杭州迭代升级了"智慧园林"系统，探索古树名木"一树一档一策"数字化管理。

2022年，四川成都市发布《成都市古树名木保护管理工作实施细则》，规范古树名木档案管理工作，规定古树名木档案内容应包括古树名木的认定信息档案、死亡注销档案、日常管护责任书、日常养护及巡查记录、防灾抢险记录、救护复壮记录、树体标本、种质资源、古树后续资源档案等，并对古树名木进行分级管理，形成图文并茂的完整档案。

甘肃崇信县档案馆联合县林草局等相关部门，对全县范围内的古树名木进行普查，形成"建档管理、电子档案、年度保护档案、专项档案、应急管理档案"五位一体档案保护体系。

此外，北京、湖南（衡阳、津市）、安徽（滁州、明光、黄山）、广州（阳江）、江苏（南通）、江西、福建（泉州、晋江）、浙江（温州）、重庆、黑龙江、辽宁（鞍山）、吉林（洮南）、内蒙古（鄂尔多斯）、河北、河南（商丘、安阳）、山东（聊城、淄博、威海、济南、潍坊）、山西（高平、太原）、陕西（铜川、渭南）、甘肃（临夏）、青海、新疆等地均开展了当地古树名木建档立册工作。

11.6 档案管理的建议

建立完善的档案管理制度。制度是各项行动的准则，是各项业务的基础工作。完善的制度可以规范各项档案工作，如档案的立档、档案的复制、档案的移交、档案的修改、档案的借阅等。制度建设应遵循系统性、专业性、事实性、精炼性等原则，以当地古树名木的特点，因地制宜，建立符合本土情况的古树名木档案管理制度。同时，随着部门各项管理制度和业务的发展，档案管理制度中陈旧的内容，也应实时梳理、更新和完善，从而保证管理制度的适用性、准确性。

提高档案管理人员的综合素质。档案管理人员的综合素质包括服务意识、专业素养、心理健康、责任意识等方面。古树名木档案是面向管理部门，更是面向大众的，管理人员的服务意识是我们向社会传播古树名木保护救助的窗口，良好的服务意识能促进大众了解古树名木保护的积极性，也是管理部门了解群众意见和想法的渠道。管理人员应从细节抓起，聆听群众的声音，做好上传下达、上下沟通的工作。专业素养是档案管理人员的基础素质，只有真正了解档案的重要性，从专业角度收集、整理和归纳档案，才能使档案工作更上一层楼。责任意识是档案管理人员的必备素质，责任感也是保障档案工作顺利进行的基础，从实际出发，循序渐进。管理人员还应积极上进，具有良好的学习态度和创新精神，热爱档案工作。

加强硬件设施建设。良好的档案管理工作需要硬件设施的支持。设置库房、阅览室、工作人员办公室以及浏览电子档案的相关设备，按照相关规定，做到库房、阅览室、办公室相互分开，配置计算机室、温湿度计等设备，以及防盗、防水、防火、防潮、防霉、防虫、防尘、防鼠、防太阳光直射、防有害气体等必要设施，为档案的安全保存提供良好的条件。随着古树名木档案建设业务的发展，硬件设施的改良也应及时跟进，以硬件保障为基础，软件提升为辅助，两方面共同努力，保证古树名木档案的长期高质量保存。

加大信息化软件的开发力度。古树名木档案的电子信息化，是未来趋势。信息化的建设需要一定的操作平台，要求档案管理人员和科技工作者加大对古树名木档案信息化软件的开发，提高各类操作系统的服务水平，加快建设完善的信息数据管理和交流平台。对于信息平台的建立，要以实际情况为基础，以档案管理工作的具体需求为抓手，兼具档案管理和档案查阅、传输、交换、更新等功能。此平台整合地区所有的古树名木数据，将经历多次的浏览和查阅，必须提高数据利用率，在保证数据安全的情况下，实现资源共享功能。一个成熟的信息数据管理平台，具有专业性、实用性、安全性、稳定性，将极大提高管理人员的工作效率，提升档案的利用率，为古树名木保护救助工作添砖加瓦。

提升信息交流水平。古树名木档案管理工作开发和利用不仅仅是档案管理部门的职责，它与社会各单位部门间均有联系，如古树名木的旅游文化档案，与当地文旅局的工作息息相关；古树名木的生境监测档案，与当地环境部门工作不谋而合；古树名木的伤病修复档案，可能涉及当地质量监督局、林业和草原局的工作范围；等等。因此，只有建立完善良好的协调机制，加强各单位间的信息交流，方便各方的数据共享，才能保证古树名木档案的完整性、专业性和全面性。

古树名木档案主要表格如表11-1～表11-3所示。

表11-1

古树名木每木调查表

★古树编号		★县（市、区）：	★调查号：	

★树种
中文名： 别名：
学　名： 科： 属：

★位置
乡镇（办事处）： 村（居委会）： 小地名：
生长场所：①远郊野外　　②乡村街道　　③城区
　　　　　④历史文化街区　⑤风景名胜古迹区

纵坐标： 横坐标：

★特点　①散生　②群状　　　　权属　①国有；②集体；③个人

★特征代码

树龄　真实树龄：　　　年　　　估测树龄：　　　年

★古树等级　①特级　②一级　　★树高：　米　★胸径：　厘米
　　　　　　③二级　④三级

★冠幅　平均：　米　　东西：　米　　南北：　米

立地条件　海拔：　坡向：　坡度：　度 坡位：　部 土壤名称：

★生长势　①正常株　②衰弱株　　★生长环境　①良好　②差　③极差
　　　　　③濒危株　④死亡株

影响生长
环境因素

★现存状态　①正常　②移植　③伤残　④新增

★古树历史
（限300字）

★管护单位 （个人）		★管护人	

树木特殊
状况描述

树种
鉴定记载

地上 保护现状	① 护栏　②支撑　③封堵树洞　④砌树池　⑤包树箍 ⑥树池透气铺装　⑦其他
养护复壮 现状	① 复壮沟　　②渗井　　③通气管　　④幼树靠接　⑤土壤改良 ⑥叶面施肥　⑦其他

照片及说明

调查人：　　　日期：　　　　审核人：　　　日期：

表11-2

古树群调查表

＿＿＿＿＿＿＿省（区、市）＿＿＿＿＿＿市（地、州）＿＿＿＿＿＿县（区、市）

地点	主要树种			
	四至界限			
面积		公顷	古树株数	
林分平均高度		米	林分平均胸径（地径）	厘米
平均树龄		年	郁闭度	
海拔	米—	米	坡度	度 坡向
土壤名称			土层厚度	厘米
下木	种类：		密度：	
地被物	种类：		密度：	
管护现状				
人为经营活动情况				
目标保护树种			科	属
管护单位				
保护建议				
备注				

调查人：　　　　日期：　　　　审核人：　　　　日期：

表11-3

古树名木清单

_____省（区、市）_____市（地、州）_____县（区、市）

序号	乡（镇）名称	调查号	树种	树龄	古树			名木	有无标本
					一级	二级	三级		

调查人：　　　　日期：　　　　　　审核人：　　　　日期：

第 12 章

古树名木
文化旅游
价值挖掘与利用

12.1 古树名木文化旅游概况

12.1.1 旅游发展概况

中国是世界上历史最为悠久、民族文化最为灿烂的文明古国之一，也是世界上人类旅行活动发生较早的国家之一。在5000多年的历史发展和朝代更迭中，中国的旅行和旅游活动大致经历了古代旅游、近代旅游和现代旅游3个发展阶段。

（1）20世纪前的古代旅游活动

中国古代的旅游主要以旅行为主，大禹疏三江五湖十三载，春秋战国时期以老子、孔子为代表的名人志士周游列国，汉代时张骞出使西域，唐朝时玄奘印度取经，明朝时郑和下西洋……《徐霞客游记》更是闻名全国。归纳起来，我国古代的旅行主要有以下类型。

帝王巡游。古代各朝代帝王为了"示疆威，服海内"，都会开展巡游全国活动。《史记·五帝本纪》中记载了黄帝和大禹等帝王为了迁徙而进行的旅行活动；《左传·昭公十三年》记载西周"昔穆王欲肆其心，周行天下，将皆必有车辙马迹焉"；史书记载秦始皇曾5次率文武百官出巡，最后在第五次巡游中去世；《汉书·武帝纪》中记载汉武帝也曾多次游历名山大川。此后各朝代多有帝王巡游记录，清朝康熙和乾隆下江南尤为著名。

使臣出游。古代官员受帝王派遣，作为使臣到各地开展各类政治活动。春秋战国时期各诸侯王经常派使者游说列国，开展外交活动；汉朝张骞两次出使西域，开拓了著名的丝绸之路，至今仍是重要的旅游线路；苏武奉命出使匈奴，十余年行程几万里；东汉末期吴国孙权的船队出使南洋，写成《扶南传》；魏、晋、南北朝和隋、唐、五

第
12
章

古树名木文化旅游价值挖掘与利用

213

代、宋、元都有不同程度的使臣出游；历朝历代，帝王派使臣在领地范围内开展巡访、检查、调研等政治活动更是不胜枚举。

经商旅行。早在商朝时期我国就有商业旅行活动的记载，《易经》中有专门为商贾客旅测算的"旅"卦，战国时商人吕不韦游商赵国结识秦公子异人，汉朝丝绸之路"尚胡贩客，日款于塞下"，唐、宋、元、明时期商旅活动更是日益发达，《清明上河图》《黄渡积胜图》等都向我们描绘了当时的商旅之盛。

宗教旅行。佛教在魏晋南北朝时期得到了快速发展，隋唐时期士人漫游成风，以朝觐、求法为目的进行的宗教旅游活动盛行，杭州西湖灵隐寺、嵩山少林寺、苏州枫桥寒山寺、开封相国寺、敦煌莫高窟、洛阳龙门石窟等都是宗教旅行的胜地，东晋的高僧法显、唐代取经的玄奘和东渡日本传教的鉴真都是著名的云游僧侣。

节日游行。在重要节日、集市时期外出、游憩是中国古代民间重要的旅游形式。《诗经》中记叙了大量殷商西周时代的民间出游活动；《后汉书·礼仪志》中有"是月上巳，官民皆洁于东流水上，洗濯祓除，去宿垢疢，为大洁"；王维的《九月九日忆山东兄弟》中除表达思乡之情外，也记述了重阳节登高旅行的地方风俗。

寄情山水。一些文人志士在政治上遭受挫折或对现实不满时会选择寄情山水，游走于名山大川之间，许多脍炙人口的传世佳作便产生在这样的背景之下。魏晋时期的竹林七贤、东晋的陶渊明、南朝的谢灵运等，都是寄情于山水的著名文人。唐、宋时期的王维、李白、杜甫、白居易、苏轼、欧阳修等，都曾在旅途中写下了千古绝唱。

考察漫游。中国历史上很多取得巨大成就的学者、科学家都曾为收集大量科学材料而游历全国，进行实地考察。北魏郦道元在游历大好河山后，著成中国古代较为全面、系统的综合性地理著作《水经注》；明代著名地理学家徐霞客旅行30余年，后人根据其60余万字的游记资料，整理成《徐霞客游记》；李时珍遍访各地寻求草药，著成《本草纲目》，等等。

（2）新中国成立前的中国近代旅游业

鸦片战争以后，中国受帝国主义侵略，逐步沦为半殖民地半封建社会，国家主权和民族尊严受到了严重践踏，中国人民经历了深重的苦难时期。随着国门被列强以武力打开，西方的商人、传教士、学者和一些冒险家纷纷来到中国，来华的人数逐年上升，国外旅行社便趁机进入中国，为来华旅游者和中国出国人员办理各种旅行业务。英国通济隆旅行社、美国运通公司、日本国际观光局等先后在沿海城市设立分支机构和代办机构。为改变国外旅行社垄断中国旅行业务的窘况，从事商业储蓄银行业务的留美爱国人士陈光甫于1923年8月在其银行内创办了旅行部。1927年7月，旅行部从银行中分离出来，成为中国近代的第一家旅行社。与此同时，提倡"学术的旅行，旅行的学术"的《旅行杂志》在上海创刊，后来各旅行社也逐步开始自建旅馆，现代旅馆、饭店以及交通客运也有了一定的发展。

（3）繁荣发展的现代旅游产业

中华人民共和国成立至今，中国旅游和旅游业得到了长足发展。总结新中国成立后的现代旅游业，大致可以分为3个阶段。一是新中国成立初期的政治接待阶段，二是改革开放后的初期发展阶段，三是习近平新时代中国特色社会主义思想引领下的全面繁荣阶段。

政治接待阶段。中华人民共和国成立后百废待兴，先后经历了抗美援朝和三年自然灾害，举国之力都在恢复和发展生产，人民群众除必要的出行外，基本无旅游需求，这一时期的旅游主要是外交事务中的政治接待，以及部分华侨和侨眷探亲活动。为更好地服务海外侨胞和港澳台同胞回内地观光、探亲等旅游活动，厦门等沿海城市陆续成立了华侨服务社，逐步开始形成了中国旅行社的基本体系。随着1952

年"亚洲及太平洋区域和平会议"在中国的召开，来华出差和旅游的外宾逐渐增多，而后成立了中国国际旅行社总社，统一负责外宾政治接待服务和日常事务管理。20世纪60年代初期，周恩来总理率团外出访问，架起了中国同西方各国友谊的桥梁，也促使更多西方的旅游者来到中国。1964年成立的国家旅游管理的正式行政机构——中国旅行游览事业管理局，标志着中国现代旅游从兴起进入了逐步发展。与此同时，国内正经历了轰轰烈烈的知识青年上山下乡的红色旅游时代，大量的知识青年大规模地在城市和农村之间迁徙，十余年间旅行人数达到数千万。

初期发展阶段。1978年改革开放后，中国人民进入了社会主义现代化建设的新时期，包括旅游在内的各项社会主义事业迈上了发展快车道。中国旅游真正地成了一个行业，入境旅行不再受到外交接待局限，以国内探亲为主的旅游全面发展，旅游政策逐步出台，旅游设施逐步完善，旅游要素逐步健全。中国饭店从1978年的137座1539间客房，发展到2010年年底的14000多家星级饭店和数以百万计的接待能力；旅行社从1978年的2家发展到2012年的24944家；2012年年底全国有自然景观、历史古迹、社会生活等各个方面的A级旅游景区5500多家。旅游教育、旅游法规、旅游标准等也都逐步趋于完善。

全面繁荣阶段。党的十八大以来，在习近平新时代中国特色社会主义思想指引下，新时代的中国文化和旅游事业更加蓬勃发展，旅游业成为第三产业的重要组成部分，是世界上发展最快的新兴产业之一，旅游业逐渐成为中国国民经济重要产业。伴随着互联网的全民普及，数字旅游成了新时代旅游业必不可少的话题，以VR、GIS、全息投影技术等为主的智慧旅游也同步迅猛发展。2021年年末，全国共有A级景区14196个，从业人员157万人，全年接待总人数35.4亿人次，实现旅游收入2228.1亿元。2021年，国内旅游总人次32.46亿，同比增长

12.8%。国内旅游收入（旅游总消费）2.92万亿元，同比增长31%。第二次全国古树名木资源普查结果显示，全国共有古树名木508.19万株，如此丰富的古树名木资源，加之古树背后的历史文化价值，使得古树名木在文化旅游中也占有重要地位。

图 12-1 　2011—2021 年国内旅游发展情况

（来源：中华人民共和国文化和旅游部 2021 年文化和旅游发展统计公报）

2020年至2023年，受新型冠状病毒影响，包括旅游行业在内的世界经济受到巨大影响。2023年后疫情时代，全球经济将逐步恢复，旅游行业也将迎来新的快速发展时期。

12.1.2　古树名木文化旅游发展概况

党的十八大以来，在习近平生态文明思想指引下，人们在持续做好生态保护的前提下，越来越重视保护和有序利用的协调发展，全面探索生态产品价值转化，全国各地生态旅游方兴未艾。古树名木树体高大，姿态优美，是大自然留给我们的宝贵遗产，具有重要的自然景观和人文旅游价值。近年来，以古树名木为主题的旅游项目进一步增加，用古树讲述当地特色故事和宣传地域文化的旅游形式进一步拓展，把古树名木保护作为重要内容的生态科普活动进一步丰富。总结起来，当前国内古树名木文化旅游主要有3种形式。

（1）在"古"字上做文章

树龄100年以上方可称为古树，几百上千年的古树见证了树下几代甚至几十代人们的故事变迁。每一株古树背后都积淀了浓厚的当地社会风情和人文习俗，每一个老者的记忆中都有古树伴其成长的故事，每一段历史都会被刻进一些古树的年轮里。古树的这一头是景观和当

轩辕黄帝手植柏
/摄影 廖正平/

下，另一头连接的则是乡愁与历史。见证千年古树的神韵，讲述古树背后的故事，是当前古树名木文化旅游的一种重要形式。位于陕西省延安市黄陵县黄帝陵轩辕庙内的轩辕黄帝手植柏，树龄5000年以上，相传为轩辕黄帝所栽植，目前是黄帝陵重要景点之一；湖北省荆州市沙市区太师渊路章华寺内的楚梅古树，树龄2500余年，被称为"中华第一梅"；位于陕西省西安市周至县楼观台的老子手植银杏树，也是前往楼观台旅游的"打卡地"。首都北京是世界上古树资源非常丰富的城市，北京市现存的4万余株古树名木和故宫、颐和园等多处皇家园林共同构成了丰富多彩的古都文化。

（2）在"树"字上出特色

古树名木的本质是树，树木的枝叶花果本身就具有独特的观赏属性，随着物候变化也会发生周期性的生命变化现象，此外古树由于树龄较长，历经千百年的风雨洗礼，其外观造型会变得更加奇特，树体更加庞大突出，枝干变得古朴苍劲，观赏价值更高，而名木的纪念意义则比较重要。所以以特色古树名木为主要景点的生态旅游越来越受游客欢迎。位于贵州省盘州市的妥乐村，全村因拥有1200余株古银杏树而成功创建成为国家AAAA级景区和省级旅游度假区；位于安徽黄山的迎客松堪称是国之瑰宝，其遒劲的枝干和优美的姿态，是黄山的标志性景观。还有云南大理巍山的古山茶、贵州榕江的古榕群和新疆轮台的胡杨林等都是当前倍受游客追捧的热门景区。

（3）在"美"字上争亮点

2018年全国绿化委员会办公室、中国林学会开展"中国最美古树"遴选，在全国评选出85株"最美"古树，这些古树名木涵盖多个树种，树形千姿百态。各省也注重展示古树名木自然之美，争相在古树"美"上作文章，由于南北方树种分布差异很大，导致评选古树"美"的标准也各有侧重。南方更加注重樟、榕、楠、杉等特色树种

最美七叶树 / 摄影　李九伟 /

的枝繁叶茂和植物果实花朵的丰硕特异，北方则突出欣赏槐、杨、松、柏等长寿植物的历史沧桑和古树树形枝干的奇形神韵。

12.1.3　当前古树名木文化旅游面临的问题

当前我国古树名木文化旅游发展虽取得一些成效，但仍存在认识上系统思维不够、制度上缺少利用依据、操作上相关规范滞后、技术上研究支撑不足等问题。

（1）认识上系统思维不够

古树名木作为重要的自然景观遗产和历史人文遗产，当前对古树名木历史文化价值的挖掘还不够，仅仅停留在观赏古树的雄伟壮阔和苍劲姿态等外观方面，缺少通过讲述古树背后的人文故事来弘扬历史文化和生态文明的理念，没有系统性发挥古树名木的生态、文化、历史、文物和遗产价值。

（2）制度上缺少利用依据

现有的《中华人民共和国森林法》和各地出台的《古树名木保护条例》，都在强调严格实行古树保护制度，但对于古树名木文化旅游开发利用缺少相关许可条文，导致相关开发利用工作缺少制度依据。以至于一些地方在落实古树名木保护政策时，一味强调保护，"一保了之"，不能很好地发挥古树名木文化旅游价值。

（3）操作上规范制定滞后

由于古树名木保护利用方面缺乏相关标准和规范，古树名木周边开发建设项目相关审批制度不健全，导致一些地方对古树名木及其周边的景区景点开发管理不到位，缺少对保护利用的科学规划，未按要求进行报审报批等，极易发生"破坏性保护"现象。例如，在古树树冠投影范围内开挖地基、修筑混凝土挡墙等不规范操作，或者是为古树清理伴生植物等不科学行为，名为保护利用，实则破坏了古树的生境。

（4）技术上研究支撑不足

古树名木等级划分的依据是古树树龄，但迄今为止还没有便捷、准确、易推广和方便基层使用的树龄测定方法。当前古树树龄的测定主要还是依据各地的历史记录进行估测，虽然"碳14""探针法""CT扫描"等方式在一定程度上更为科学，但是在基层古树摸底调查时都不适用。此外对古树名木复壮、生长周期规律等方面的研究成果还较少，古树名木数字档案、资源开发利用等方面的技术支撑更加不足。

12.2 古树名木资源分类与文化旅游价值评价

12.2.1 古树名木资源分类

《全国古树名木普查建档技术规定》（LY/T 2738—2016）将古树名木分为两大类，即古树和名木。其中，古树指树龄在100年以上的树木，名木指在历史上或社会上有重大影响的中外历代名人、领袖人物所植或者具有极其重要的历史、文化价值、纪念意义的树木。将古树按照树龄分级，树龄500年以上为国家一级古树，300～499年为国家二级古树，100～299年为国家三级古树。名木不受树龄限制，不分级。

古树名木具有极高的历史、文化、生态和景观价值，每株古树都有其独特的历史和文化价值。2017年修订的国家标准《旅游资源分类、调查与评价》（GB/T 18972—2017）将旅游资源划分为A地文景观、B水域景观、C生物景观、D天象与气候景观、E建筑与设施、F历史遗迹、G旅游购物、H人文活动8个主类、23个亚类、110个基本类型。按照该分类标准，古树名木可以归属为"C生物景观"主类中"CA植被景观"亚类下的"CAA林地""CAB独树与丛树"旅游资源类型中，也可以归属在"D天象与气候景观"中"DB天气与气候现象"下属的"DBC物候景象"中（植物花、果期等）。此外，古树名木也是一种历史文化遗产，每一株古树在当地都会有一个有趣的故事，也应该属于该分类标准"F历史遗迹"下的"FA物质类文化遗存"。同样，许多古树也是历史上人类活动的产物，如我国仅有的5株5000年以上的古树，就有2株相传是轩辕黄帝手植柏和仓颉手植柏。名木则大都是中外历代名人或领袖人物所植，据此古树名木也应属于"H人文活动"中的"HA人事活动记录"资源。所以，在当前旅游资源的分类中，古树资源的具体分类还有待进一步完善、提升和细化。

为此，从文化旅游角度出发，可以将古树按照其本身的树木种类、某一区域的古树数量、古树名木的生长位置等方法进行分类。

（1）古树树种分类法

古树名木的本质是树，是自然界的植物，可以通过树种的系统分类法，将古树名木按照"界门纲目科属种"等进行系统分类。树种分类法通常按照植物的命名方法确定古树的科、属和种，一般不细分亚种，基层林业部门调查时一般只分到属，用属作为某种古树树种的统称。例如，全国绿化委员会2022年发布的第二次全国古树名木资源普查结果中"我国古树数量较多的树种有樟树、柏树、银杏、松树、国槐等"，该处"樟树"即指樟科樟属植物，同理"松树"也就是松科松属植物的统称。当前树木的系统分类法已经十分成熟，本书就不再赘述，当前古树普查等各类调查中，都需要通过对植物进行系统分类，形成调查结果。

（2）古树数量分类法

古树是大自然选择的产物，是历经多年风吹、日晒、雨淋后遗留下来的树木景观，其分布数量和分布形式完全是自然状态（古树保护性移植的除外）。按照某一区域古树的数量，可以将古树名木文化旅游资源分为单株古树名木、对株古树名木和古树名木群等。

单株古树名木。又称为"孤景古树名木"，是指在一个相对独立的区域或空间，远离其他古树名木，只有一株单独的古树名木。单株古树名木通常可以作为该区域的主要观景点进行打造，要注意与周围其他植物的协调融合，要让单株古树名木"单而不孤"。要注意对单株古树名木树下伴生植物的保护，使它周围的土壤、植物等符合其长期自然形成的生境不被破坏。可以在做好古树名木养护管理的同时，适当对古树周围一定范围内影响古树生长和观景效果的普通小乔木进行修枝和间伐，对树冠投影范围以外影响古树整体景观的杂灌进行抚育和清理，从而实现更好的景观效果，提高其文化旅游价值。

对株古树名木。对株古树名木顾名思义就是在某一区域内有两株古树名木，也可以称为"双株古树名木"。对株古树名木可以是在古寺庙等历史建筑或景观中对称分布的古树名木，也可以是自然界内任何区域相互可见的两株古树。对株古树名木可以是相同树种、一般大小的两株古树，也可以是相同树种、不同树龄的"爷孙树"，还可以是树种、树龄完全不同的两株古树。在树种、树龄、体量等方面相一致的古树，可以通过在其对称轴上进行适当利用，打造较为庄严、正式的景观。相同树种不同树龄的对株古树名木，可以通过挖掘两株古树背后的历史人文故事，打造融合地域文化的古树名木特色景观，展现人与自然和谐共生的美好场景。对于不同树种的对株古树，可以通过营造不同的景观节点，但又形成彼此遥相呼应的景观效果。

古树名木群。古树名木群是在一定区域范围内，有3株或3株以上的古树名木，生长相对集中，形成特定的生境群落。古树群可以分为三五成群的丛生古树名木群和大量古树名木聚集生长的大型群落景观。三五成群的古树名木，既可以观赏每株古树的形态韵味，又可以通过树木个体彼此之间姿态各异、相互趋承的组合搭配，形成景观色彩和景观层次丰富变化的群体美。大量古树聚集生长的古树名木群落景观，大多位于自然生态保护优良的地区，许多更是处在森林公园、湿地公园等自然保护地之内，可以在严格保护的基础上，适当建设林下游憩步道，打造古树名木主题自然教育基地或生态科普场所。

（3）古树位置分类法

树木因为受到地理、气候、土壤等多方面因素的影响，经过长期适应、繁衍和迁移，会在不同地域"安家落户"。古树也会因各种原因在不同区域、不同位置进行分布。古树名木按照生长位置可以分为城市古树名木、村镇古树名木、景区内古树名木和山野古树名木。城市古树名木指位于省、市、县建成区范围内的古树名木；村镇古树名木指位于集镇、村庄人口居住区房前屋后或宗庙、祠堂、村活动室等周边的古树名木；景区内古树名木是指2A级以上景区、景点内分布的古树名木；山野古树名木指远离人口居住、活动场所的古树名木，包括道路两旁通达性好但周围无人居住的古树名木。第二次全国古树名木资源普查结果显示，大部分古树名木分布在乡村，有483.53万株，占比达到95.15%，分布在城市的仅有24.66万株，只占4.85%。

12.2.2 旅游评价标准

"评价"是人类认识事物的重要手段，是参照一定标准对客体的价值或优劣进行评判比较的认知过程和决策过程。旅游资源评价是正确开发和利用旅游资源、建设旅游地的前提，科学客观地评价是旅游资源开发利用的重要环节。旅游资源评价包括旅游资源的单项评价和综合评价，通过用一系列指标对旅游资源进行分析判断，为确定旅游区投资规模、开发定位、规划建设等提供科学决策依据。

《旅游资源分类、调查与评价》（GB/T 18972—2017）标准将旅游资源分为"资源要素价值""资源影响力""附加值"3个评价项目，采用"基本分值"+"附加值"方法计分（表12-1）。基本分值将"资源要素价值"和"资源影响力"2个评价项目的评价因子用量值表示，每一评价因子分为4个档次，其因子分值相应分为4档，总分值为100

分；附加值分正分和负分，也分为4档。最后根据对旅游资源单体的评价，通过计分得出该单体旅游资源的评价总分，依据评价总分将旅游资源分为五级，其中得分值域≥90分的为五级旅游资源，得分75～89分的为四级旅游资源，得分60～74分的为三级旅游资源，得分45～59分的为二级旅游资源，得分30～44分的为一级旅游资源，得分29分及以下的为未获等级旅游资源。

表12-1

旅游资源评价赋分标准

评价项目	评价因子	评价依据	赋值
资源要素价值（85分）	观赏游憩使用价值（30分）	全部或其中一项具有极高的观赏价值、游憩价值、使用价值	30～22
		全部或其中一项具有很高的观赏价值、游憩价值、使用价值	21～13
		全部或其中一项具有较高的观赏价值、游憩价值、使用价值	12～6
		全部或其中一项具有一般观赏价值、游憩价值、使用价值	5～1
	历史文化科学艺术价值（25分）	同时或其中一项具有世界意义的历史价值、文化价值、科学价值、艺术价值	25～20
		同时或其中一项具有全国意义的历史价值、文化价值、科学价值、艺术价值	19～13
		同时或其中一项具有省级意义的历史价值、文化价值、科学价值、艺术价值	12～6
		历史价值、或文化价值、或科学价值,或艺术价值具有地区意义	5～1
	珍稀奇特程度（15分）	有大量珍稀物种，或景观异常奇特，或此类现象在其他地区罕见	15～13
		有较多珍稀物种，或景观奇特，或此类现象在其他地区很少见	12～9

评价项目	评价因子	评价依据	赋值
资源要素价值（85分）	珍稀奇特程度（15分）	有少量珍稀物种，或景观突出，或此类现象在其他地区少见	8～4
		有个别珍稀物种，或景观比较突出，或此类现象在其他地区较多见	3～1
	规模、丰度与概率（10分）	独立型旅游资源单体规模、体量巨大；集合型旅游资源单体结构完美、疏密度优良级；自然景象和人文活动周期性发生或频率极高	10～8
		独立型旅游资源单体规模、体量较大；集合型旅游资源单体结构很和谐、疏密度良好；自然景象和人文活动周期性发生或频率很高	7～5
		独立型旅游资源单体规模、体量中等；集合型旅游资源单体结构和谐、疏密度较好；自然景象和人文活动周期性发生或频率较高	4～3
		独立型旅游资源单体规模、体量较小；集合型旅游资源单体结构较和谐、疏密度一般；自然景象和人文活动周期性发生或频率较小	2～1
	完整性（5分）	形态与结构保持完整	5～4
		形态与结构有少量变化，但不明显	3
		形态与结构有明显变化	2
		形态与结构有重大变化	1
资源影响力（15分）	知名度和影响力（10分）	在世界范围内知名，或构成世界承认的名牌	10～8
		在全国范围内知名，或构成全国性的名牌	7～5
		在本省范围内知名，或构成省内的名牌	4～3
		在本地区范围内知名，或构成本地区名牌	2～1
	适游期或使用范围（5分）	适宜游览的日期每年超过300天，或适宜于所有游客使用和参与	5～4
		适宜游览的日期每年超过250天，或适宜于80%左右游客使用和参与	3

（续表）

评价项目	评价因子	评价依据	赋值
资源 影响力 （15分）	适游期或 使用范围 （5分）	适宜游览的日期超过150天，或适宜于60%左右游客使用和参与	2
		适宜游览的日期每年超过100天，或适宜于40%左右游客使用和参与	1
附加值	环境 保护与 环境安全	已受到严重污染，或存在严重安全隐患	−5
		已受到中度污染，或存在明显安全隐患	−4
		已受到轻度污染，或存在一定安全隐患	−3
		已有工程保护措施，环境安全得到保证	3

12.2.3　基于旅游评价标准的各类型古树名木评价

近年来，随着古树名木文化旅游市场的逐渐发展，人们对古树名木的文化旅游价值关注度日益提高，如何科学准确地评估古树名木在文化旅游方面的价值，是古树保护管理和古树景观营造所面临的重要问题。前面我们分析了旅游资源评价的标准，如何结合旅游评价标准对古树名木文化旅游资源进行科学评价，目前还没有十分完善的评价体系。

旅游资源评价是一个系统的实践过程，需要分析"资源对象"的本质和特征，在评价执行中需要注重对"物""人""事"进行综合分析。古树名木既是自然资源，也是人文资源，其背后更是蕴藏着丰富的历史文化故事，所以在利用旅游评价标准对古树名木资源进行评价时，要在注重其自然景观价值的同时，增加其历史文化价值的评价比重。

福建农林大学在对古树名木园林价值进行研究中，通过对层次分析法（AHP法）构建的15个指标，使用熵值法综合权重后从高到低依次确定了相关评价因子的顺序和权重（表12-2）。名人踪迹与历史见证（0.3273）＞宗教民俗（0.1896）＞传说趣闻（0.0918）＞形态与奇特性（0.0857）＞所在位置（0.0834）＞悠久性（0.0431）＞树体大小（0.0392）＞生境（0.0379）＞游憩感受（0.0278）＞活动丰富度（0.0278）＞生长势（0.0170）＞游憩空间（0.0155）＞地方标识与归属感（0.0062）＞可达性（0.0043）＞科学研究（0.0034）。

现按照古树名木文化旅游资源相关分类，综合相关研究成果，将旅游资源评价赋分标准中的评价依据替换为古树名木文化旅游价值评价相关指标，形成古树观赏价值（形态与奇特性）、历史文化价值和科学研究价值（名人踪迹、历史见证、宗教民俗、传说趣闻等历史文化价值和科学研究价值）、古树珍稀程度（古树保护等级、古树树种等珍稀程度）、古树规模数量（单株、对株、三五成群、古树群落）、古树树体大小（胸径、树高、冠幅、分支）、古树知名度和影响力（知名度、地方影响力）、古树位置和可达性（城市、村镇、景区、山野）、古树生境保护情况（生境、生长势、周边游憩空间环境）八项评价因子。根据资源权重对评价赋分值进行了个别调整，形成了古树名木旅游资源价值科学评估体系。

表12-2
古树名木文化旅游评价表

评价项目	评价因子	评价依据	赋值
古树名木文化旅游资源要素价值（85分）	古树观赏价值（25分）	古树具有极高的奇特性和观赏价值	25～20
		古树具有很高的奇特性和观赏价值	19～13
		古树具有较高的奇特性和观赏价值	12～6
		古树具有一般的奇特性和观赏价值	5～1
	历史文化价值和科学研究价值（30分）	具有世界意义的名人踪迹、历史见证、宗教民俗、传说趣闻和科学研究价值	30～22
		具有全国意义的名人踪迹、历史见证、宗教民俗、传说趣闻和科学研究价值	21～13

（续表）

评价项目	评价因子	评价依据	赋值
古树名木文化旅游资源要素价值（85分）	历史文化价值和科学研究价值（30分）	具有省级意义的名人踪迹、历史见证、宗教民俗、传说趣闻和科学研究价值	12～6
		名人踪迹、历史见证、宗教民俗、传说趣闻或科学研究价值具有地区意义	5～1
	古树珍稀程度（15分）	古树保护等级为特级古树，或古树树种为国家一级重点保护野生植物	15～13
		古树保护等级为一级古树，或古树树种为国家二级重点保护野生植物	12～9
		古树保护等级为二级古树，或古树树种为省级保护植物	8～4
		古树保护等级为三级古树	3～1
	古树规模数量（5分）	大型古树群落	5～4
		古树三五成群	3
		对株古树	2
		单株古树	1
	古树树体大小（10分）	古树胸径、树高、冠幅、分支点在相同品种、相同树龄中明显偏大，或有明显优势，与周围生长的其他树木相比明显高大突出	10～8
		古树胸径、树高、冠幅、分支点在相同品种、相同树龄中偏大，或有部分优势，与周围生长的其他树木相比明显突出	7～5
		古树胸径、树高、冠幅、分支点在相同品种、相同树龄中稍大，或稍有优势，比周围生长的其他树木突出	4～3
		古树胸径、树高、冠幅、分支点比周围生长的其他树木高大突出	2～1
古树名木文化旅游资源影响力（15分）	古树知名度和影响力（10分）	在世界范围内知名，或将地方影响力推广至全世界	10～8
		在全国范围内知名，或将地方影响力推广至全国	7～5

（续表）

评价项目	评价因子	评价依据	赋值
古树名木文化旅游资源影响力（15分）	古树知名度和影响力（10分）	在本省范围内知名，或将地方影响力推广至全省	4～3
		在本地区范围内知名，或有效提升本地区对外影响力	2～1
	古树位置和可达性（5分）	古树名木生长在3A以上旅游景区，或城市建成区内，适宜所有游客参观	5～4
		古树名木生长在2A以上旅游景区，或村镇、街道、祠堂、庙宇、活动室等聚会议事场所内，适宜80％以上游客参观	3
		古树名木生长在汽车可通达的场所，或汽车通达后步行不超过3分钟（300米）的场所，适宜60％以上游客参观	2
		古树名木生长在可通达的山野，适宜40％以上游客参观	1
附加值	古树生境保护情况（扣分项）	古树生境遭到严重破坏；或古树生长势极差，主枝主干大部分枯死，叶片枯黄或脱落；或古树周边游憩环境污染严重，或存在严重安全隐患	10～8
		古树生境遭到明显破坏；或古树生长势衰弱，树冠严重收缩、过稀过窄，三干腐烂，病虫害严重；或古树周边游憩环境受到中度污染，或存在明显安全隐患	7～5
		古树生境遭到破坏；或古树生长势不良，枝干有枯死或腐朽，发生病虫害；或古树周边游憩环境受到轻度污染，或存在一定安全隐患	4～3
		古树生境保护不完整；或古树生长势不佳，每年萌发新枝少，开花、结果不良；或古树周边游憩环境有破坏	2～1

12.3 古树名木文化旅游价值的开发

12.3.1 开发利用古树名木自然景观价值

古树名木和山水、建筑一样具有自然生态景观价值，是一种重要的生态旅游资源。如何在保护的基础上，从观赏层面着手，合理利用古树名木的自然生态景观价值开展文化旅游活动，助力乡村振兴，是古树名木文化旅游价值开发的首要路径。在旅游资源评价中，旅游资源的观赏游憩使用价值占据了重要赋值比重。我们要通过全方位的观察，发现古树在形态等方面具有的奇特性，发挥古树名木数量规模方面的优势，利用古树名木胸径、树高、冠幅、分支点等与周围生长的其他树木相比明显高大突出的特点，进一步拓展古树名木观光旅行的可达性，将古树名木打造成文化旅游景区内不可或缺的组成部分。如黄山的"迎客松"、泰山的"卧龙松"、北海公园的"遮阴侯"、天坛公园的"九龙柏"、故宫御花园的"连理柏"、轩辕庙的"黄帝手植柏"，都是自然景观中的珍品，它们或苍劲挺拔、或姿态奇异，自成佳景。

12.3.2 挖掘弘扬古树名木历史文化价值

每一株古树名木都与它生长时期的政治、历史、经济、文化等有着密切的关系，蕴含着丰富的历史意义，铭刻着深厚的历史印记。在保护古树名木的同时，注重对古树名木承载的历史记忆和文化遗产进行传承和保护，是古树名木文化旅游价值开发的重要方法。我国的古树名木地域分布广阔、历史跨度久远，许多古树历尽世事变迁和岁月洗礼，成为历史社会中不可分割的一部分。从古树名木特殊的历史区位、是否名人栽种等方面着手，深入挖掘古树名木背后的名人踪迹、历史知识、宗教民俗、传说趣闻等并加以宣传推广，讲好古树名木周围的民间故事，从而带动古树名木文化旅游景区发展。北京戒台寺的古白皮松、山东莒县浮来山的"银杏王"、北京颐和园东宫门内的古柏、苏州拙政园内的紫藤，以及传说中的周柏、汉魂、隋梅、唐银杏等，或被历代文人用精彩的文赋传唱，或因大师用妙笔绘成丹青而传世，或是经帝王名士之手被后人瞻仰。

12.3.3　培育发挥古树名木珍稀科研价值

古树名木历经千百年，具有重要的科学价值，蕴含极其丰富的生物信息，对研究当地古气候、植物分布和生态变化都具有重要的科学价值。在开发利用古树名木文化旅游价值的同时，开展科学研究和科学普及，宣传推广古树名木重要价值，是古树名木保护利用的应有之义。从古树名木保护等级、古树树种珍稀程度等方面开展自然科普教育，提高古树名木的知名度和地方影响力。从古树生境、生长势以及古树周边环境进行研究，分析古树和当地气候、水文、植被、环境的关系，利用古树对当地的气候和土壤的适应性，培育更加适合当地栽培繁殖的景观树种。陕西商洛山阳境内分布两株红豆杉古树和若干野生红豆杉，当地在办理了相关苗木采集和繁育手续后，依法依规开展了红豆杉种苗繁育，取得了古树名木保护和文化旅游、经济效益的多重发展。

12.4　古树名木文化旅游价值的保护利用

12.4.1　古树名木保护利用的基本原则

全国绿化委员会在《关于进一步加强古树名木保护管理的意见》中指出，加强古树名木保护，对于保护自然与社会发展历史，弘扬先进生态文化，推进生态文明和美丽中国建设具有十分重要的意义。在保护利用古树名木文化旅游价值的过程中，务必要坚持保护优先、科学规划、依法审批、合理开发、全面管护原则。

（1）保护优先原则

古树名木是不可再生和复制的稀缺资源，是历史遗留下来的宝贵财富，必须全面保护、依法保护、原地保护，所有古树名木资源要做到应保尽保。要严格保护古树名木原生地生境，严禁在树上刻划钉钉、缠绕绳索，严禁攀树折枝、剥损树皮，不得借用树干做支撑物、擅自采摘果实，不得未经审批在树冠投影范围内挖坑取土、动用明火、排放烟气、倾倒污水污物、堆放危害树木生长的物料、修建建筑物或者构筑物，严禁擅自移植、砍伐古树和发生其他损害古树行为。

（2）科学规划原则

要坚持以习近平生态文明思想为指导，深入践行"绿水青山就是金山银山"的生态理念，科学制订保护利用规划和方案，方案制订时要将保护古树名木与全面推进乡村振兴结合起来，将保护古树名木与乡村绿化美化结合起来，将古树名木保护利用与古驿道、古村落保护利用结合起来，充分发挥古树名木的历史、文化、生态、景观等价值，更好地提升乡村景观层次，改善人居环境，促进乡村旅游。方案中要包括项目实施对古树名木及其生境破坏影响评价、项目实施过程中古树名木具体保护措施、项目实施后古树名木养护管理和修复复壮等内容。方案制定后编制单位要组织专业人员进行内审，内审通过后提请古树名木管理单位组织相关专家进行评审论证，论证通过后方可进行申报实施。

（3）依法审批原则

相关部门应组织相关专家对古树名木保护利用规划设计方案进行审查论证，经审查合格后提请本级人民政府或绿化委员会进行批复。

古树名木保护利用方案未经批准的，建设单位不能开工建设。各级人民政府和绿化委员会应该按照属地管理，积极主动履职担当，逐步建立健全组织领导、责任分工、社会参与等保护利用管理体制机制。

（4）合理开发原则

在古树名木文化旅游价值开发利用过程中，要尊重自然、尊重生态，最大程度地减少人为破坏，尽量保留古树生长和生境的原始状态，在确保对名木古树生长没有影响的基础上，以提高古树名木艺术观赏性为目的，通过适当开发，提升名木古树的文化旅游价值。要按照有利于传承自然乡土文化、有利于弘扬生态文明理念、有利于推进乡村社会发展的要求，利用古树名木的旅游、科普等价值，合理开发观光旅游、文化旅游、生态旅游、科普旅游、乡村旅游等旅游产品。

（5）注重管护原则

要落实古树名木保护管理措施，强化古树名木巡查巡护制度，定期开展古树名木生长状况调查，建立健全古树名木管理档案。要开展古树名木保护管理科学研究，建立健全技术标准体系，要大力推广先进养护技术，坚持科学养护标准，规范实施古树名木日常养护和复壮救护，促进古树名木健康生长，保障古树名木焕发勃勃生机。

12.4.2　保护利用的程序步骤

（1）前期审批程序

古树名木文化旅游价值开发利用时，要严格按照森林法和相关地区古树名木保护条例及其实施办法等法律法规要求，按照古树名木保护级别报相应的古树名木行政主管部门进行审批。

首先，要科学编制古树名木文化旅游项目实施方案，方案中要包括项目实施对古树名木及其生境破坏影响评价、项目实施过程中古树名木具体保护措施、项目实施后古树名木养护管理和修复复壮等内容。方案制订后编制单位要组织专业人员进行内审，内审通过后方可提请古树名木管理单位组织相关专家进行评审论证，论证通过后方可进行申报实施。

其次，要提出古树名木文化旅游项目申请，按照建设项目管理有关要求，进行项目立项、报审。在审批过程中，古树名木管理部门要组织相关专家对古树名木文化旅游项目实施方案进行审查论证，要开展项目实施对古树名木生境方面的环境影响评价。古树名木文化旅游项目方案未经批准的，建设单位不能开工建设。

最后，各级人民政府或绿化委员会应该按照审批权限，对经审查合格的古树名木文化旅游项目实施方案进行批复，相关部门根据批复后的项目方案办理其他相关审批手续。取得审批批复后方可正式开工实施。项目实施过程中，相关部门要加强监管，确保严格按照经批复的方案实施，并全程做好古树名木保护措施。项目实施完成后，相关部门要对古树名木文化旅游项目进行评估和验收，确保项目实施不会对古树生长、生境造成不良影响，要督促相关单位持续做好古树名木后期管理养护等工作。

（2）建设过程注意事项

在古树名木文化旅游项目开发过程中，建设单位应当在项目规划、设计、施工等环节采取保护避让措施，在古树名木树冠投影范围3米外设置保护围挡，并在施工过程中注意对古树地下根的保护，尽量减少对古树名木的影响。

对需要在古树名木周边进行施工的，建设单位要制订古树名木保护措施，并按照相应管理权限报当地古树名木主管部门批准，在项目实施过程中，要严格保护古树名木原生地生境，严禁在树上刻划钉钉、缠绕绳索，严禁修剪树枝、损毁树皮，不得借用树干做支撑物，不得未经审批在树冠投影范围内挖坑取土、堆放危害树木生长的物料、排放烟气和污水污物、修建建筑物或者构筑物。

对于建设项目影响古树名木正常生长，确实无法避让的，要按照古树名木保护有关规定办理古树名木移植审批手续，制订详细移植计划，由专业绿化作业单位按照批准的移植方案和要求进行移植。

（3）建成后的日常养护管理

设置围栏。应对过往行人较多或根部裸露较多的古树名木周围设置围栏，防止人为破坏树体。围栏通常与树干距离不少于2米，围栏高度不低于80厘米，围栏内可根据古树生境情况种植地被苗木。古树名木根系分布范围内，不得设置混凝土构筑物、垃圾房、排污管道等威胁古树生长的设施，不得在古树下堆放垃圾、废料等。

支撑加固、修补树洞、设避雷装置。古树由于生长年代久远，可能会出现主干腐朽、中空或树洞等问题，树体容易发生倾斜、变形甚至倾倒，因此需要结合情况对古树进行支撑加固，树体加固尽量使用可调节螺栓搭配支撑杆进行，生长于陡坡、崖边的古树也可以使用斜拉方式，不得使用钉铁钉、缠绕铁丝等方式固定，避免对古树造成损伤。有树洞的要根据古树修复中的方法及时进行修复。对于孤立的高大古树应安装避雷装置，以防雷击。

古树复壮和土、肥、水管理。在古树周围进行文化旅游开发后，必然会对古树原生态生境造成一定影响，因此需要根据古树生长情况，结合第7章的方法进行古树救护复壮，同时做好古树的土、肥、水管理。要及时对因人为踩踏等导致的古树周围板结土壤进行适当松土，对水土流失等导致的裸露树根进行种植土回填覆土。根据古树情况用生根粉或相关肥料配水灌溉施肥，促进根系萌发和生长。在干旱季节要注意通过灌水适当补水，在雨季汛期要注意排水防涝。

适当修剪和病虫害防治。由于古树名木的特殊性，因病虫害防治、化解树冠过大过重的安全风险等需要进行修剪时，要科学制订修剪方案，经县级以上古树名木主管部门批准后方可进行修剪。古树修剪时应注重保持原有树形树貌，只对局部影响树体安全或枯病死枝进行修剪，对于有重大意义或枯枝有重要景观价值的古树，要对枯枝做防腐保留处理。古树名木病虫害要做到注重防范、及早治疗，可通过树干注药、药剂熏蒸、环境喷药等多种方式进行综合防治。

12.4.3　保护利用的常用方法

（1）打造古树名木公园

古树名木公园是在严格保护的前提下，以古树名木资源为主题，适当规划建设景观绿化、休闲步道、集散广场、园林小品及其他附属设施，满足游人观赏拍照、科普宣传、文化体验、休闲游憩等需求，展现古树名木生态景观价值的专题公园。建设古树名木公园，能够进一步体现古树保护温度，彰显古树乡愁情怀，是古树名木保护的创新之举。

古树名木公园建设要注重保护古树"主角"，要严格保护古树周边的原生环境和植物群落，划定古树核心保护区（树冠投影范围内）和适度建设区（树冠投影范围5米外）。在规划布局上注重景观营造手法设计，通过障景、夹景等方式，结合游憩步道、铺装广场等，凸显古树特色、提升游憩功能。在材料选用上要注重植物营造景观，运用乡土树种和古树树种营造植物景观，合理搭配乔灌草比例，确保绿地率不低于80%，休闲步道等应选用透水透气的生态环保材料。在保护宣传上要注重文化氛围营造，应在古树公园主入口处设置主题景观标识，要在园内明显位置设置古树公园保护宣传专栏，讲述古树文化故事和古树保护知识，为园内植物制作悬挂苗木科普标识牌。

建设古树名木公园，能够在高效科学保护古树名木的同时，让人民群众更好地享受到保护成果，从而提高全民保护的参与度和积极性，推动古树名木保护工作迈上新台阶。

（2）建设古树名木驿站

古树名木驿站是将一个区域内沿公路零散分布的古树名木，通过建设停车休憩等基础设施，打造古树名木节点景观，满足游人停车驻留、休闲观赏、拍照打卡等需求的场所。建设古树名木驿站，是宣传古树名木保护工作的重要措施，是弘扬古树文化的重要方式。

古树名木驿站建设要注重线路规划，要在一定区域内，选择距离公路300米范围内的古树，通过科学规划旅游线路，有机串联公路沿线多个古树名木节点和其他景区景点，形成观赏性、游憩性、趣味性于一体的古树旅游线路。古树名木驿站建设中要注意严格保护古树生境，在古树周围选择安全、合适的区域，适当规划建设停车泊位、休闲座椅、公共卫生间等基础服务设施，方便游客短时间驻留。要对古树名木进行挂牌保护，设置古树名木保护宣传标识，引导游客不得在树下焚香、烧纸等。

建设古树名木驿站，可以有效促进古树文化旅游与当地其他旅游业态融合发展，提高人民群众保护古树名木意识，促进古树名木保护日常工作开展。

（3）开发古树名木景点

古树名木景点是在公园、景区等旅游场所内，在科学有效保护古树名木资源的前提下，通过适当建设开发，为游客展示形态优美、类型多样的名木古树风采，打造独具特色的古树名木游览场所。建设古树名木景点，是充分发挥古树名木文化旅游价值的重要体现和主要方法。

开发古树名木景点要利用古树名木的"苍、古、劲、朴、奇"等形态景观美学价值，寻找古树名木的最佳观赏点和最佳观赏季，充分发挥其生态、景观等价值，让游客感受古树名木春花、夏郁、秋色、冬寂的季相景色与别样情怀。开发古树名木景点要坚持"一树一策"，要充分结合古树名木所在区域的整体景观布局，将古树名木景点打造融入所在地区整体旅游开发中统一规划、统筹设计、同步实施。开发古树名木景点要注重对古树名木背后文化的挖掘与利用，要讲好古树名木历史文化故事，做好古树名木文化宣传，统筹做好古树名木保护科普宣传。

开发古树名木景点，能够将古树名木与其他旅游景点相结合，最大程度发挥古树名木观光旅游、文化旅游、生态旅游、科普旅游等价值。

（4）开展古树乡村旅游

古树乡村旅游是结合村庄公园建设，利用古树树冠茂密、遮阴避雨等功能，将古树周围开发成乡村"交流、议事"和游客休憩放松的场所。开展古树乡村旅游是传承古树历史文化、承载地方特色风貌、留住游客乡愁记忆、提高乡村旅游内涵的重要举措。

开展古树乡村旅游要坚持因地制宜，结合村庄整体规划，坚持人与自然和谐共生。通过建设古树名木文化宣传标识牌、休闲桌凳、集散广场、人行步道等，完善古树乡村旅游基础配套设置。通过设置围栏、修复树洞、开展病虫害防治等加强古树保护和日常巡护。结合古树名木和乡村文化组织开展乡村旅游活动，适当开发古树名木乡村旅游文创产品，结合古树名木改善空气质量以及果实的药用价值，打造森林康养基地，发展康养旅游产业。

开展古树乡村旅游，能够在为村民提供环境优美的休憩场所的同时，为美丽乡村建设增添新景观。

（5）策划古树旅游活动

策划古树旅游活动是通过策划、组织、开展古树旅游推介、古树主题自然教育、古树名木专题研学等活动，提高古树名木文化旅游参与性和趣味性。

开展古树旅游推介，可以让更多的游客了解古树名木丰富的生态科普和历史文化价值，提高游客的认知度、参与度。古树名木是"活化石、活文物"，是自然环境的重要组成部分，蕴含着丰富的历史文化内涵。古树名木历经漫长岁月的洗礼，通过研究不同区位、不同气候对古树名木生长状况和生长规律的影响，进而分析了解在几百年甚至几千年的历史维度中的植物生命规律，具有十分重要的意义。通过开展古树名木自然教育、生态研学、科学考察等活动，了解古树名木的生物学和生态学特征，普及其中蕴含的科学知识．形成科普性、趣味性、体验性为一体的科普旅游产品。此外，还可以将古树名木及其背后的历史故事开发制作成图书、画册、音视频等文化旅游宣传推广资料，开展古树名木文化旅游宣传推广活动。

组织开展古树名木文化旅游活动，讲述古树名木相关的历史典故和传奇故事，让游人在体验古树名木古风之美的同时，提高古树名木保护意识。

12.4.4　保护利用的优秀案例

（1）黄山迎客松

黄山迎客松位于安徽省黄山市黄山风景区玉屏楼，是黄山景区的标志性景点，曾被中国林学会评为"中国最美古树"，是中国最著名的一株黄山松古树名木。黄山迎客松作为中国人民同世界人民友谊的象征，早已美名远扬、蜚声中外，从人民大会堂到各类宴会接待场所，从人员流动密集的车站码头到商务洽谈的厅堂茶室，甚至在寻常百姓家的堂屋挂画，都有它的身影。

（2）天马河古榕树

天马河古榕树位于广东江门市天马河的河心沙洲上，一棵树就是一个岛，它的主体是一棵古水榕树，树枝垂到地上扎入土中后长成新的树干，随着时间的推移，独木成林，覆盖面积达到了1万余平方米，树上栖息着成千上万只鸟雀。1933年，作家巴金先生游览后，写出了著名散文《鸟的天堂》，1984年巴金先生又亲笔题写了"小鸟天堂"四字，此后天马河古榕树的别名"小鸟天堂"享誉全国。新世纪以后，当地对天马河古榕树多次进行了文化旅游开发利用，经过改扩建，目前已形成以生态旅游、鸟类观光等于一体的湿地公园和文化旅游景区。

（3）云南腾冲古银杏村

云南腾冲古银杏村位于腾冲市固东镇江东社区，这里分布着3000余株银杏古树，古银杏树茂密连天、错落排布，形成了"村在林中，林在村中"的独特景象。近年来银杏村的古树名木文化旅游开发利用发展迅速，每年9—12月银杏叶黄时期，吸引大量游客观光旅游。为满足游客游玩的便利性并同时减轻游客及私家车对古村落和古树名木的不良影响，银杏村重新规划并建立了新停车场，加强块石路面和草皮铺设，完成农户风貌改造，并对25家农家旅馆进行示范性建设，推进农村环境净化，完善垃圾收集处理等。

附
件

附件一 | 中国5000年古树名录

根据第二次全国古树名木资源普查结果报告，5000年以上古树5棵，图片由陕西省林业局生态保护修复处提供。

1. 黄帝手植柏

这株举世闻名的古柏，生长在海拔1050米的陕西省延安市黄陵县轩辕庙院内，高19.4米，胸围8.58米，地围11.3米，树冠面积190平方米。相传它为轩辕黄帝亲手所植，故名黄帝手植柏，距今5000多年。其树枝像虬龙在空中盘绕，苍劲挺拔、冠盖蔽空、层层密密，好似一个巨大的绿伞。1982年，英国林业专家罗皮尔考察了27个国家的柏树后，认为唯有黄帝手植柏最粗壮、最古老。中华名树公选养护委员会将它评为"中华百棵名树之首"。有"世界柏树之冠"的美誉。当地谚语这样描绘它的粗壮："七搂八拃半，疙里疙瘩不上算。"就是说，七个人手拉着手合抱抱不拢树干，还剩八拃多。"黄帝手植柏"沐浴了五千年的风风雨雨，目睹了中华民族的荣辱兴衰，至今依然苍翠挺拔、枝繁叶茂，彰显出中华民族生生不息、国脉传承的强大生命力。

2. 仓颉手植柏

位于陕西省渭南市白水县仓颉庙内，树龄约5000年，胸围7.8米，地围9.9米，高约16米。从树的东南方向看，柏树的主干树纹恰似一股巨流倾泻而下，碰到形似石块的树杈后，卷起无数水花，所以又称为"瀑布柏"。仓颉墓位于仓颉庙内，相传当年仓颉选中此地作为墓地，便栽植了这棵柏树，人们称为"仓颉手植柏"。此柏是庙内最大最古老的柏树，可与"黄帝手植柏"相媲美。

黄帝手植柏

仓颉手植柏

保生柏

3. 保生柏

位于陕西省延安市黄陵县黄帝陵轩辕庙西前院保生宫旧址，因其位于保生宫旧址而得名。树龄约5000年，树高15.5米，地围9.1米，平均冠幅12.1米，目前长势基本正常。

4. 老君柏

位于陕西省延安市黄陵县阿觉镇川庄村，树龄约5000年，树高14.5米，胸围7.42米，平均冠幅15.75米。据说汉武帝不仅拜祭了黄帝手植柏，还在附近的老君神庙拜祭了一棵古柏，并将它命名为老君柏。2010年因修建南沟门水库而采取移植保护措施，目前长势正常，古柏枝繁叶茂，生长旺盛。

老君柏

5．洛南古柏

位于商洛市洛南县古城镇南村，因生长地而得名，又名"页山古柏"，树龄约5000年，树高23.16米，胸围8.01米，平均冠幅25.7米。古柏生长在页山半山腰，远远看去，古柏犹如一把撑开的巨伞高高矗立，树上枝丫突兀，横空而出，树干上沟沟壑壑，一道道纹理道出了古柏的沧桑岁月。该树是陕西省侧柏王之一，已被列为洛南八大景观之一。目前生长旺盛，枝繁叶茂，树干圆满完整，长势良好。

洛南古柏

附件二 中国最美古树名录

根据2018年4月26日《全国绿化委员会办公室 中国林学会关于公布"中国最美古树"遴选结果的通知》公布了85株"中国最美古树"。

1. 最美银杏

位于山东省日照市莒县浮来山镇定林寺，树龄约3700年，胸（地）围15.83米。号称"天下银杏第一树"，也有人叫它"银杏之祖"，被誉为植物"活化石"。1982年，联合国教科文组织曾对此树进行专题研究并向全世界播放了其影像。参天而立，远看形如山丘，气势磅礴，冠似华盖。

2. 最美黄山松

位于安徽省黄山市黄山风景区玉屏楼景区，树龄约1000年，胸（地）围约2.2米。挺立于海拔1670米的玉屏楼青狮石旁，为黄山风景区特级保护古树名木，列入世界自然遗产名录，位居中国古树王之首。它的主干笔直，顶端的树冠呈蘑菇状，顶端的枝叶密集，叶片稠密，郁郁葱葱，下端有主枝，一侧枝丫自然平展，就像人伸出一只手臂在欢迎远道而来的客人，另一侧的主枝较短，就像人的手斜插在裤兜里，黄山迎客松的整体造型优美，是大自然的神奇力作。

3. 最美白皮松

位于北京市门头沟区永定镇戒台寺风景区，树龄1300年，胸（地）围6.5米，树高18米。它的一个树干伸出九个枝节，直指蓝天，树干上鳞片斑驳，树皮半剥离，犹如九龙腾舞，状欲飞天，故得名九龙松。此松为戒台寺十大名松之首。

4. 最美油松

位于河北省承德市丰宁满族自治县五道营乡三道营村，树龄500年，胸（地）围3.3米。从外观看，有九条粗大的枝干，盘旋交织在一起，枝头好似龙头，树身弯弯犹如龙身，树皮呈块状，好似龙鳞，九条枝干条条像龙，飞腾而起，故称为九龙松，有"天下第一奇松"的美誉。传说清朝的康熙皇帝出巡塞外，狩猎木兰围场，听说古北口外的鲍丘水境有一棵奇松，便欣然前往。到此后一见此树木长势之奇，叹为观止，提笔亲题了"九龙松"三个字，并令当地工匠刻了一块匾挂在庙宇之上，还留下500名御林军来保护此松。这500名御林军经过世代繁衍生息和当地百姓通婚，逐渐定居，逐渐形成了九龙松周围毗邻的五个村落。其下面三个村落分别为头道营、二道营、三道营，上面的两个村落分别为四道营和五道营。

5. 最美赤松

位于辽宁省抚顺市新宾县木奇镇木奇村，树龄1300年，胸（地）围11.62米。此松树势宏伟，树冠庞大，红枝绿荫相互掩映，自成风景，在苍山秀谷中尤显壮美，远近闻名，是新宾县著名景点之一。

6. 最美长白松

位于吉林省延边州安图县二道白河镇红石林场，树龄350年，胸（地）围3.15米。长白松别称美人松，是长白山独有的美丽自然景观，长白松天然分布区很狭窄，在中国吉林省安图县长白山北坡，海拔700～1600米的二道白河沿岸的狭长地段，尚存小片纯林及散生林木，长白山和平营及红石石峰有纯林或单株散生。

7. 最美红松

位于黑龙江省海林市长汀镇大海林林业局太平沟林场，树龄约600

年，胸（地）围4.32米。受林区气候影响，树木每年的生长周期只有6个月，因而其树材质细密，抗腐能力强，更由于一代一代林区人对这片大森林的珍爱和保护，使得这片红松原始林苍松翠柏、傲然挺立，构筑起坚实的生态屏障，因而得名"中国最美森林"，其中经评选，省内仅此一棵的"中国最美红松"也成为这片原始林景区内的"打卡"之地，加之原始林内的"毛主席纪念堂献木遗迹"，景区有了厚重的历史文化内涵。

8. 最美金钱松

位于浙江省杭州市临安市天目山保护区，树龄660年，胸（地）围3.22米，平均冠幅15米，树高58米。金钱松为落叶大乔木，树干通直，树皮圆形开裂似铜钱；树枝有长枝和短枝，叶片条形，扁平而柔软，在长枝上成螺旋状散生，在短枝上平展成圆形，似铜钱，秋后树叶变成金黄色，极为美丽，故得名金钱松。

9. 最美马尾松

位于福建省屏南县岭下乡葛畲村，树龄1200多年，胸（地）围5.02米，树高25.8米，平均冠幅15.8米，被福建省绿委、林业厅评为"福建马尾松王"。该树主干离地1.5米处一分为三，三根并排笔直的树干直径都在1米以上，高耸入云。从远处看，三根树干的形状酷似一根根鹿茸，昂首俏丽，因此，这株松树被当地人形象地称为"鹿角松"。

10. 最美水松

位于福建省漳平市永福镇李庄村，树龄2100年，胸（地）围6.97米，树高26米，冠幅16.7米，享有"凌天托日月，拄地镇山河""天下第一水松"的美誉，被福建省绿委、林业厅评为"福建水松王"。

11. 最美杉木

位于福建省宁德市蕉城区虎贝乡彭家村，树龄约1130年，胸（地）围约8.29米。为福建省胸围最大的杉木，据载此株杉木种植于唐僖宗李儇光启年间，系彭氏祖先迁居至此时所植。奇特的是，这株古杉木的树枝皆向下生长，村民说此树为其祖先倒插种植。这棵树是彭家村历史的见证，历经朝代更迭，仍被完整保存下来，至今依然生长旺盛，每年可结果50千克，确属罕见。

12. 最美柳杉

位于浙江省丽水市景宁县大漈乡西二村，树龄1500年，胸（地）围13.4米，树原高47米，其主干被雷击截断，削去大半截，现仅有28米，其主干苍老雄劲。令人称奇的是，柳杉王根部有一个形似门户的洞，可一人自由进出，进到树洞中，抬头可见日光，如同坐井观天。树洞内可摆一张大桌，供10余人围桌共餐。2001年秋，时任浙江省林业厅厅长的程渭山经过多方比较，认为这株柳杉王是世界上最大、最古老的柳杉树，并为之题名"柳杉王"。

13. 最美水杉

位于湖北省利川市谋道镇水杉植物园，树龄850年，胸（地）围7.79米。此树古老沧桑、龙骨虬枝、高大挺拔。它是世界上树龄最大、胸径最粗的水杉母树。在1.3亿年前，水杉诞生于北极圈，后来逐渐分布到欧洲、亚洲、北美洲。第四纪冰川过后，人们只见过从地层中发掘出来的水杉化石，为此，植物学界宣布水杉在地球上已经绝迹。1941年，中央大学于铎教授首先发现了这棵古树，后经植物学家胡先骕、郑万钧教授鉴定为水杉，并于1948年发表了《水杉新科及生存之水杉新种》论文，推翻了"水杉早已灭绝"的定论，一时轰动世界植物学界。这棵古树被称作"天下第一杉""植物活化石""世界水杉爷""水杉王"等。谋道水杉树的发现，被称为20世纪植物学上的最大发现，利川也成了国内外公认的"水杉之乡"。

14. 最美长苞铁杉

位于福建省宁化县治平乡邓屋村，树龄800年，胸（地）围5.59米，树高45.8米，冠幅22米，2014年被福建省绿委、原林业厅评为"福建长苞铁杉王"。这棵高耸入云、伟岸挺拔的古树流传着一个传奇故事，体现了宁化客家人热爱树木、保护树木的优良传统美德。

15. 最美油杉

位于福建省永泰县同安镇芹草村，树龄约1500年，胸（地）围6.72米。树姿舒展优美，树皮成鳞片状，因饱经岁月沧桑，树皮不时脱落，被福建省绿委、原林业厅评为"福建油杉王"。据村民介绍，自明永乐三年陈氏先祖进迁芹草洋始盖祖屋时，长在水口处的这棵油杉已是参天大树了。为使祖屋风水更具灵气，陈氏先祖将这棵油杉当作镇水口和护山门的宝树神，并在树旁建了一座小庙（芹草宫），好让这棵老油杉成为护庙树。

16. 最美铁坚油杉

位于重庆市巫溪县鱼鳞乡五宋村，树龄约1570年，胸（地）围8.8米。在它附近还有一棵铁坚油杉，当地人称"夫妻树"，又叫"大树菩萨"。两棵古树呈东西走向并排生长，相距仅10.8米，且树形成环抱之势，像一对恋人携手同行。据当地村民介绍，铁坚油杉本属"雌雄同株"，可千百年来，该树却是雌雄异株，当地人称这种树为"黄瓜米树"。

17. 最美侧柏

位于陕西省延安市黄陵县轩辕庙内，树龄约5000年，胸（地）围约8.38米。又叫"轩辕柏"，据传为轩辕亲手所植、耸立在桥山脚下的轩辕庙内。虽经历了5000余年的风霜，至今干壮体美，被称为"世界柏树之父"。这株轩辕手植柏的身上承载着我们华夏民族悠远的历史，承载着炎黄子孙的寻根记忆。

18. 最美圆柏

位于河北省邯郸市临漳县习文乡靳彭城村，树龄约1500年，胸（地）围约5.5米。三国时期，曹操为了横渡长江一统天下，在闻名天下的铜雀台南面挖掘玄武池，设置南校场，积极操练水兵。由于校场附近没有种植树木，次子曹植特意从太行山移来一棵挺拔茂盛的柏树，种在玄武池南，曹操见状非常高兴，每当骑马到此，喜欢将马拴在树上，这棵柏树因此得名"曹操拴马桩"。

19. 最美柏木

位于四川省北川羌族自治县永安镇大安村，树龄1300年，胸（地）围10.3米。因7株古柏相伴共生千年，又称"七贤柏"，7株树干独木成林形成"双七"古树群的奇特景观而得名。其中，最大一株古柏树围10.3米，周围散落伴生的古柏树围2米左右，树高37米。

20. 最美大果圆柏

位于西藏自治区拉萨市唐古乡唐古村，树龄500年，胸（地）围（地）5.03米。在这里还有许多树龄在百年以上的大果圆柏。相传从前这座山不生草木，松赞干布到此巡视，把洗发的水洒在山坡上，并祈祷祝福，于是长出了万余株翠绿的柏树。

21. 最美巨柏

位于西藏自治区林芝市巴宜区八一镇巴吉村，树龄约3240年，胸（地）围约14.8米。世界柏树王园林巨柏，又称雅鲁藏布江柏木，是国家二级珍稀保护树种，也是西藏特有树种之一。世界柏树王园林中，几百棵平均高度30余米、直径达1米以上的巨柏昂然挺立。其中，这棵"最美巨柏"高50多米，被誉为"中国柏科之最""世界柏树之王"。

22. 最美剑阁柏

位于四川省剑阁县汉阳镇翠云廊景区，树龄约2300年，胸（地）围约3.64米。走进金牛道剑门蜀道，拜访古道上的"活化石"。在剑门蜀道"三百长程十万树"的翠云廊，分布着7902株古柏。其间，一株古柏植于秦惠文王时期，树龄高达2300多年。由于它长相似松似柏，被原四川林科所分类学专家鉴定成柏木属的新种——剑阁柏，写进了《植物分类学报》。

23. 最美罗汉松

位于江西省九江市庐山市白鹿乡万杉村，树龄1600年，胸（地）围约7.6米，树高20米，树皮似苍龙盘旋，树冠如峰峦叠翠。此树见证了九江的历史，也是见证庐山历史的"活化石"。据考证，此树之高大与树龄之长为现已查明的江西古罗汉松之最。

24. 最美百日青

位于浙江省台州市临海市小芝乡中岙村，树龄880年，胸（地）围6.1米，平均冠幅20米，树高17米。有"浙江第一罗汉松"之称，曾在2015年被评为"浙江十大树王"。树身空心，令人称奇的是，里面还长有一棵小松树。

25．最美陆均松

位于海南省白沙县霸王岭自然保护区，树龄约2600年，胸（地）围约6.4米。它的五条分枝形态酷似一个巨人手掌的五根手指，并且朝同一个方向逆时针旋转，故而被称为"五指神树"。"五指神树"古老苍劲，枝繁叶茂，扭曲的树体凸起一条最鼓劲的"肌肉"让人肃然起敬，需要6个人才能将其合抱。"五指神树"为雄株，相距其200米处的山脊另一侧还生长着一株大小相近的陆均松，为雌株。

26．最美东北红豆杉

位于吉林省延边州汪清林业局荒沟林场，树龄约3000年，胸（地）围约5.29米。它是汪清林业局迄今为止发现的最大一株东北红豆杉。2002年12月，汪清林业局申请成立了汪清省级自然保护区，主要保护东北红豆杉资源及其赖以生存的针阔混交林生态系统。2011年3月，汪清林业局向国务院申请将省级保护区晋升为国家级保护区，2013年6月，经国务院批准，晋升为吉林汪清国家级自然保护区，总面积67434公顷。汪清国家级自然保护区是我国境内面积最大的以东北红豆杉为主要保护对象的国家级自然保护区。

27．最美南方红豆杉

位于浙江省丽水市松阳县玉岩镇大树后村，树龄约1200年，胸（地）围约8.8米。树干苍劲挺拔，无论胸径还是树木蓄积量，都堪称"华东之最"。2007年曾获浙江农业吉尼斯"浙江最大南方红豆杉"称号。虽然由于高龄，树的主干芯材腐朽，形成空洞和部分树干缺口，但长在边皮上的枝叶依旧繁茂葱郁。

28．最美香榧

位于浙江省绍兴市诸暨市赵家镇榧王村，树龄约1360年，胸

（地）围约9.26米，平均冠幅26米，树高18米，2米左右处分为12条粗壮的树枝，覆盖面积近700平方米。现尚处于旺盛生长期，年产鲜蒲（带假种皮的种子）600千克。2007年，它以"个体最奇特"入选浙江农业吉尼斯纪录，被称为"中国香榧王"。

29. 最美玉兰

位于陕西省西安市周至县厚畛子镇八斗河，树龄约1200年，胸（地）围约5.02米。树干高大挺拔，树枝叶茂繁盛，枝叶开张，稍向东伸展，亭亭如盖，绿荫覆盖了树下约2亩的范围，堪称"中国玉兰王"。由于树冠太大，人站在树下，反倒看不到多少花朵，不过阵阵芬芳的花香袭来，令人心旷神怡。每年三月，绿叶未绽，千万朵玉兰花怒放枝头，像满树的白蝴蝶随风起舞，又如落满了一树的白鸽，真是一幅"万画图"，极为壮观美丽。

30. 最美观光木

位于福建省建瓯市小桥镇大丘村，树龄800年，胸（地）围5.03米，树高32.3米，平均冠幅25.1米，被福建省绿委、林业厅评为"福建观光木王"。古树伟岸挺拔，傲然屹立于大丘村旁后山，像一名坚强的士兵守卫着村庄的安宁。相传古树为大丘村翁姓始祖所栽。当年他举家迁居经过此地，看重大丘这个地方山高林密、水土丰沃，便扎根于此，待房宇建好后便在屋后种下一株"猴抱桔"树，也就是这株观光木树王。树王经历了800余年的风风雨雨，见证了翁氏子孙在大丘村繁衍生息，留传至今。

31. 最美青杨

位于辽宁省抚顺市清原满族自治县湾甸子镇砍椽沟村，树龄500年，胸（地）围6.36米。"一株挺拔世称王，耸立浑河古道旁。日照晴岚腾紫气，风摇疏影荡池塘。"当年，乾隆皇帝回关东祭祖时，曾御笔盛赞这棵亭亭如盖、耸入云天的小叶青杨，作为同类树种当中的"老祖宗"级古木，它正以雍容华贵的姿态挺立在浑河源景区，迎接着每年从海内外来抚顺观光的游人。

32. 最美小叶杨

位于河北省承德市平泉市柳溪镇下桥头村，树龄500年，胸（地）围19.6米，树高22米，冠幅达26米，古杨盘根错节，一根两干，冠形奇特，九条主枝或上扬、或平伸、或俯探，犹如九龙腾飞，被当地百姓称为"九龙蟠杨"。

33. 最美胡杨

位于内蒙古自治区额济纳旗，树龄约880年，胸（地）围约8.5米。胡杨王，当地人称"神树"，树种为胡杨。需六人才能合围，平均冠幅25米。2015年，"神树"入选《中华人文古树名录》。

34. 最美枫杨

位于湖北省神农架林区松柏镇八角庙村，树龄700余年，胸（地）围约8.88米。主树树形犹如一个美女侧卧在树旁的小河、池塘上，一根侧枝呈椭圆状。主、侧两枝构成美女优雅地"照镜子"的意境。

35. 最美樟树

位于福建省德化县美湖乡小湖村，树龄约1300年，胸（地）围约16.72米。虽历经千年风霜，仍苗壮挺拔，枝繁叶茂，被福建省绿委、原林业厅评为"福建樟树王"。据当地老人介绍，这株古樟的树干内曾腐朽成一个大洞，洞里能摆放一张方桌，如今洞已不见了。年年生长的新生皮层不仅将洞口密封起来，而且把立在树下的一块墓道碑的基部也包裹了1/3。可见这棵古樟还不断地外长内壮，其顽强的生命力令人叹为观止。

36. 最美檫树

位于福建省沙县高砂镇上坪村，树龄1600余年，胸（地）围7.43米，树高34.7米，平均冠幅17.6米，被福建省绿委、原林业厅评为"福建檫树王"。树王刚劲挺拔，主干巨大，需四五个成人方能合抱，在福建当属一绝；该树离地约3米处长有一个硕大的瘤结，又可谓一奇。这株檫树王的根皮因可治疗多种农村的常见病，如祛风除湿、活血散瘀、止血、风湿痹痛、跌打损伤、腰肌劳损、外伤出血等，最常被采集。时间久了，村民遂称檫树王为"何医生树"或"仙姑树"。

37. 最美桢楠

位于四川省雅安市荥经县青龙乡柏香村，树龄1700年，胸（地）围6.24米，桢楠王封号实至名归，仰望"树王"，高耸入云，树干之大，需十多个人才能合围，历经千年风霜，好些树根裸露在地面，遒劲蔓延，让人震撼。

38. 最美闽楠

位于福建省三明市永安市洪田镇生卿村，树龄850年，胸（地）围5.43米，树高35.6米，平均冠幅30.4米，高大挺拔，枝繁叶茂，当地人称它为"百年神树"。2014年被福建省绿委、原林业厅评为"福建闽楠王"。

39. 最美沙梨

位于安徽省宿州市砀山县园艺场六分场，树龄约230年，胸（地）围约3.2米，平均冠幅16米，占地0.38亩。四月繁花遮地蔽天，八月硕果金珠坠地，年产量最高达2000千克。相传，清朝乾隆皇帝下江南，途经砀山县品尝酥梨后，看到这棵高大健壮、姿态非凡的奇特梨树，遂命名为"梨树王"。2014年，"梨树王"入选安徽省名木，由省政府挂牌保护。

40．最美梅树

位于广东省梅州市梅县区城东镇潮塘村，树龄1010年，胸（地）围3.25米。每年花开时节，潮塘古梅傲然挺立在寒风中，粉嫩的梅花开满枝头，风起时"雪花"翩翩起舞，让人恍若置身仙境。据说，潮塘古梅是广东树龄最长的古老梅花，是全国屈指可数的古梅之一，经专家考证为"宋梅"，授名为"潮塘宫粉"，为国家一级古树，于2016年7月被中国林学会评为全国"最美树王"，是梅州的又一张生态名片。

41．最美酸枣

位于北京市东城区花市枣苑，树龄约800，胸（地）围约2.3米。此树又称酸枣王，酸枣王存活至今，世所罕见。酸枣树经过近千年的风风雨雨，遭遇雷击、风霜侵蚀而不死，历明、清两代几次冻灾而幸存，依然枝繁叶茂、春花秋实，人皆以为吉祥树。

42．最美楸树

位于山西省原平市大林乡西神头村，树龄2000，胸（地）围约13.2米，是我国已知楸树中树龄最大、胸径最粗的一株，故称"华夏第一楸"。古树虽然历经数百年的风雨历程，但至今仍枝叶繁茂，古朴苍劲。每年五月初，楸树花开，那一团团、一簇簇的楸树花，开得特别繁盛，嫩绿色的叶子，粉红样的花，相映为美，惊艳三世。

43．最美新疆野苹果

位于新疆维吾尔自治区新源县喀拉布拉镇开买阿吾孜村，树龄约600年，胸（地）围约7.38米。该古树属赛威氏野苹果，2013年获得了上海大世界基尼斯总部颁发的"大世界基尼斯之最——树龄最长的野生苹果树"的证书。该树从基部分为五枝，宛若手掌，枝繁叶茂。目前该树顶部能结果并能发新枝，生长状况良好。

44．最美蚬木

位于广西壮族自治区崇左市龙州县武德乡三联村，树龄2300年，胸（地）围约9.39米，树高48.5米。世属罕见，被称为"千年蚬木王"，目前生长态势良好。

45．最美国槐

位于河北省邯郸市涉县固新镇固新村，树龄约2500年，胸（地）围约17米。相传植于秦汉，盛于唐宋，是目前我国已知的树龄最长的槐树，又有"天下第一槐"之美誉。

46．最美皂荚

位于河南省商丘市虞城县木兰镇小孟楼，树龄1600年，胸（地）围3.7米。相传这是当年木兰从军，父母相送道别的地方。这棵参天古树见证了木兰替父从军泪别故土跨马建功的悲壮与传奇。2007年，这棵皂角树被认定为国家一级古树。

47．最美红豆杉

位于四川省雅安市雨城区碧峰峡镇后盐村，树龄2000年，胸（地）围7.85米。这棵巨树，千百年来巍然屹立，树根奇粗，而树根在生长过程中受地形限制，盘根错节，部分露出地面，酷似龙爪扎向地面，蜷曲的树根向周围延伸，抱住岩石与大地，基部树干和根融为一体，形成巨大的基座，9～10个成年人拉手才能围住，一个人站或坐在露出地面的树根上，显得极渺小。主干腐朽中空，树枝上垂下的根条穿过内洞，犹如龙蛇抱柱；树干直冲云霄，高出周围树木数十米，像一把绿色的大伞撑在密林之上。

48. 最美三球悬铃木

位于新疆维吾尔自治区和田地区墨玉县阿克萨拉依乡古勒巴格村，树龄880余年，胸（地）围9.43米。目前依然枝繁叶茂，生机盎然，从主干派生出7大枝干，伸向四周，个个粗壮挺拔，竞相媲美。

49. 最美辽东栎

位于甘肃省定西市岷县蒲麻镇虎龙口村，树龄675年，胸（地）围9.64米。远远望去，树冠开阔，枝干粗大，枝叶浓密，树身弯曲盘旋。

50. 最美麻栎

位于山西省永济市虞乡镇张家窑村，树龄4200年，胸（地）围14.76米。麻栎又叫橡树，是一种寿命较长的落叶乔木，据有关资料显示，为舜的弟弟象所种。目前，树干部分已空洞，沧桑尽显，但依然年年枝叶茂盛，开花结果。

51. 最美蒙古栎

位于辽宁省沈阳市新民市大喇嘛乡长山子村，树龄1000年，胸（地）围4.1米。村里流传着这样的传说：从前在这个地方埋着一头耐寒长毛象，头在巨流河，肚子在长山子，这棵蒙古栎树就在耐寒长毛象的肚脐上。目前依然枝繁叶茂。

52. 最美板栗

位于北京市怀柔区九渡河镇西水峪村，树龄约700年，胸（地）围约5.18米。怀柔素有"中国板栗之乡"的美誉，板栗栽培历史悠久。清代《日下旧闻考》中记载"栗子以怀柔产者为佳"。司马迁曾在《史记》中对幽燕地区盛产栗子有过记述，唐代怀柔板栗被定为贡品，辽代曾设立"南京板栗司"（在今北京）管理板栗生产。在明代中期，朝廷投入巨大人力、物力以广植树木而构筑了另一道"绿色长城"。皇帝敕命，于边外广植榆柳杂树以延塞马突袭之迅速，内边则开果园栗林以济饥寒之成卒。最美板栗树正是栗林中的一棵，粗大的树干裂为三瓣，落地支撑后分为三株长成，原树干中可同时站上四五个人。

53. 最美亮叶水青冈

位于湖南省桑植县八大公山自然保护区，树龄1500年，胸（地）围3.76米。古树叶伞如盖，主干粗壮挺拔，在3米高处开始分叉，呈虬折状向外伸展，万千虬枝纵横，千手交错、群蛇盘踞，如千手观音伫立在斗篷山之巅。亮叶水青冈是壳斗科青冈属落叶乔木树种，主要分布在海拔1000～2000米的山地中，该树种形态万千，七拧八扭，独具风味，为国家水源涵养林首选树种，是国家"三有"易危物种和湖南省级重点保护植物。

54. 最美米槠

位于广东省韶关市始兴县深渡水瑶族乡坪田村，树龄1000年，胸（地）围8.8米。米槠又名米椎，此树不但树龄长、树身高大，而且长势旺盛，树形奇特，板根超大，具有很高的美学价值，是迄今为止岭南地区发现的最古老米槠树，华南农业大学教授称其为"岭南第一大槠"。

55. 最美槲树

位于怀柔区宝山镇对石村玄云寺院内，树龄400年，胸（地）围3.77米，树高15.7米，平均冠幅19米。槲树又名大叶波罗，是北方荒山造林树种，幼叶可饲养柞蚕。这株古树树冠饱满，秋叶美丽，年年硕果累累，当地人称之为"菜树奶奶"。此树为北京市唯一一株古槲树，被列为北京市一级保护古树。

56. 最美胡桃

位于西藏自治区日喀则市桑珠孜区年木乡胡达村，树龄1600年，胸（地）围约9.6米。此千年核胡桃，俗称核桃。相传为吐蕃先祖赞普达日年赞所种，也有当地人说是松赞干布的爷爷征战中路过此地歇息，把手中核桃木拐杖往地上一插，后来就长成了这棵核桃树。苍劲葱郁的树木，无论远观还是近看，都非常壮美，至今每年都硕果累累。

57. 最美白榆

位于河北省张家口市赤城县样田乡上马山村，树龄约650年，胸（地）围约7.5米。当地人称之为"兄弟榆"，据介绍这两株榆树是在北宋年间种植的，粗壮的榆树树干大约需要八个人才能抱住，小的也得五六个人合抱。

58. 最美大果榆

位于吉林省珲春市新安街道迎春社区，树龄360余年，胸（地）围约1.47米。2007年，珲春市委、市政府修建的"古树游园"，就因这棵老榆树而得名。

59. 最美青檀

位于安徽省池州市青阳县酉华镇二酉村，树龄1000年，胸（地）围约8.8米。历经朝代更迭，此树广受世人尊崇，当地村民尊称它为"檀公古树"，是安徽省乃至全国的"青檀王"。"檀公古树"盘根遒劲，冠若祥凤，虽历经风雨洗礼，时代变迁，但依然枝繁叶茂，郁郁葱葱。朝北伸出的一根大树枝下，紧压着树下古塔的塔顶。大树南边有一口井，井水千年不枯，甘甜醇厚。

60. 最美大果榉

位于河北省邯郸市磁县陶泉乡北王村，树龄800年，胸（地）围约

4.3米。树干高3米处有4个主枝向四方延伸，生长旺盛，树体硕大，结实量多，在大果榉树干分枝处有一株自然生长的油松，形成了天然的"榆抱松"景观。

61. 最美桑树

位于西藏自治区林芝市林芝镇帮纳村，树龄约1600年，胸（地）围约13米。据传当年文成公主和松赞干布一起来到此地，亲手种下了这棵树，如今仍年年开花、生机盎然。村民将其视为吉祥树，逢年过节都会聚到树下跳舞唱歌。

62. 最美榕树

位于广东省江门市新会区会城街道天马村，树龄约400年，胸（地）围难以测量。这里有全国最大的天然赏鸟乐园之一的"小鸟天堂"，原名"雀墩"。这里鸟树相依，和谐奇特，形成一道天然美丽的风景线，而"小鸟天堂"的主体实际上是一棵长于明末清初的水榕树。这棵原是在河中一个泥墩中的榕树，榕树枝干上长着美髯般的气生根，树枝垂到地上，着地后木质化。抽枝发叶，长成新的枝干，新干上又长成新气生根，生生不息，变成一片根枝错综的榕树林，形成独木成林的奇观。

63. 最美绿黄葛树

位于贵州省安顺市岗乌镇中兴村，树龄1000年，胸（地）围约17.35米。大榕树又名黄葛树，此树是全村最大的古榕树，高32.5米，冠幅54米，占地2000余平方米，胸径6米，大约需要14个成年人才能牵手将其合围，是世代相传的"榕树王"。

64. 最美高山榕

位于云南省盈江县铜壁关老刀弄寨，树龄约300年，胸（地）围难以测量。此树又称中国榕树王，是目前发现最大、气生根最多的高山榕树，它的树身奇大无比，数十人也合抱不住。榕树王树高约40米，由下垂的气生根长成的新树干达100多根，每年仍有10多条气生根在增加，树冠覆盖面积达5.5亩。

65. 最美红花天料木

位于海南省昌江县霸王岭自然保护区，树龄650年，胸（地）围4.5米。它树干粗大，直冲云霄。红花天料木生命力极为顽强，被砍伐后，会有许多幼苗从树桩根部萌发出来，其中有3～6条能长成大树，越砍越长，越长越快。因此，这种树被海南人亲切地唤作"母生"。黎族人生下女儿后，会在房前屋后种植数量不等的母生树，待女儿出嫁时取木材打制嫁妆。

66. 最美木棉

位于广东省广州市越秀区中山纪念堂，树龄约355年，胸（地）围约5.97米。木棉花，是广州市的市花。花朵硕大，花开火红热烈，盛开在枝头如顶天立地之势，鲜红的颜色犹如战士的风骨，又名"英雄花"。这棵木棉王高约23米，冠幅900平方米，她在花城往事中扮演着主角，虽年代久远，但依然雄伟如故。每当三、四月时，中山纪念堂的木棉王万花绽放、姹紫嫣红。

67. 最美沙棘

位于西藏自治区山南市错那县曲卓木乡曲卓木村，树龄600年，胸（地）围约1.46米。曲卓木沙棘林作为全世界年代最久远、面积最大、海拔最高的沙棘林，曲卓木沙棘林被称为"原始盆景"。沿娘姆江河谷分布的共约2000多亩的沙棘林，最高的沙棘约15米，树围最粗的有4.5米。沙棘林郁郁葱葱，树木各具形态，让人颇感震撼。这里的沙棘有六百年至上千年的历史，因而也被称作"千年古沙棘林"。

68. 最美重阳木

位于湖南省芷江侗族自治县岩桥镇小河口村，树龄约2000年，胸（地）围约13.5米。这棵古树主干内空，树侧建有昭灵庙，是用来祭祀楚国三闾大夫的。古代许多文人墨客曾有赋诗，如清代举人杨凤鸣观后曾作七绝："武陵溪畔水盈盈，岸上松揪弄晓晴；片片白云吹不散，前树野鸟向人鸣"。

69. 最美荔枝

位于福建省漳州市台商投资区角美镇福井村，树龄约800年，胸（地）围约7.2米。虽历经数百年的沧桑，仍枝繁叶茂，每年结果四五千斤，被福建省绿委、原林业厅评为"福建荔枝王"。古荔枝结的果实核小味甜，味道特别，有桂花的香味，因此又名"桂枝"。

70. 最美文冠果

位于陕西省渭南市合阳县皇甫庄乡河西坡村，树龄约1700年，胸（地）围约4.3米。文冠果是我国特有的一种优良木本食用油料树种，这种树顶端叶多为三裂，似文冠，故命名为"文冠果"。历史上人们采集文冠果种子榨油供点佛灯之用。文冠果原产我国北部干旱寒冷地区。这棵文冠果的主干从基部分开而成两部分。如此古老高大的文冠果树，世所罕见，被村民称为"文冠果王"。

71. 最美冬青

位于河南省南阳市镇平县高丘乡刘坟村，树龄2000年，胸（地）围约2.92米。它树上如伞盖四季常青，树约两人合抱粗，虬枝盘旋如巨龙探海，树根深深植于土垅之间，随着千百年来雨水的冲刷，裸露在外的树根交叉盘固俨然一条盘龙。据县林业专家称，这是南阳盆地最古老的冬青树。

72．最美黄栌

位于山西省泽州县柳树口镇麻峪村，树龄1000年，胸（地）围4.1米。它是山西省发现的最大一株黄栌，每到秋季来临之时，茂密的红叶非常壮观。此树同根，上面分为4个主干，每个主干需要三四个成人才能抱住，是村里的"分脉树"，被视为"神树"。

73．最美枳椇

位于广东省南雄市坪田镇迳洞村，树龄500年，胸（地）围4.72米。枳椇又名拐枣，该树高大挺拔，雄伟奇俊，是我国一级古树。其树势优美，枝叶繁茂，叶大浓荫，果梗虬曲，形状甚奇特，周围也生长着历史悠久的银杏群。这株古拐枣基部有部分树皮被村民剥落，用于治疗皮肤病，因而受到了一定的损伤。

74．最美黄连木

位于甘肃省陇南市武都区五库乡安家坝村，树龄2800年，胸（地）围9.2米。它树形完整，亭亭如盖，根基连生，一树双干，盘曲合抱，迎风傲雪2800年，依然苍翠挺拔。黄连木别名楷木、惜木、孔木、鸡冠果，是无患子目漆树科黄连木属植物。中国黄河流域至华南、西南地区均有分布。

75．最美元宝槭

位于山西省和顺县青城镇神堂峪村，树龄约500年，胸（地）围约5.1米。树干粗壮有力，枝叶青翠茂密，冠幅东西25米，南北23米，平均冠幅24米，树冠遮天蔽日，覆盖面积达到400多平方米。远眺古树，从村子的西南面看这棵古树整个树冠恰似一个巨型圆球，村民形象地称它为"绣球"，而从东北面看树冠又豁然变成两个相切的圆球，头挨头，肩并肩。一年当中树的叶子会随着不同的季节变换颜色，春季为淡黄色，夏季为浓绿色，秋季为火红色，一年"三变脸"。

76. 最美梓叶槭

位于湖南省安化县江南镇黄花溪村，树龄1500年，胸（地）围约5.1米。这棵古槭树王亭亭如盖，粗壮的树干需要四个成年人才能将其环抱。繁密茂盛的枝叶、虬曲盘错的树根向世人展示着它历经千年岁月洗礼后的沧桑与秀美。梓叶槭为我国独有的树种，在国内，只在四川盆地的部分地区才有分布，目前属于濒危树种。而这株梓叶槭树，在湖南乃至全国范围内都是凤毛麟角，是当之无愧的"湖南树王"。

77. 最美人面子

位于广东省四会市罗源镇石寨村，树龄约553年，胸（地）围约6.7米。它树根遒劲有力像龙爪，树干粗壮，分枝四面横向开阔生长，树冠开展，树形美观，生长势较好。老树依然枝叶繁茂，仓古挺拔，年年开花结果，与全国同种类树相比，呈现出王者气派。

78. 最美七叶树

位于陕西省安康市岚皋县溢河乡高桥村，树龄500余年，胸（地）围3.45米，树高27米，冠幅30米，占地706.5平方米。主干粗壮挺拔，古朴沧桑、枝繁叶茂、郁郁葱葱，油绿的叶片间点缀着一簇簇雪白花絮，生机盎然，与其旁古旱柳交相呼应，柳絮似雪花飞，共同构成一道绚丽多彩的风景线。

79. 最美湖北梣

位于湖北省钟祥市客店镇南庄村，树龄1800年，胸（地）围约11.02米。它又称对节白蜡，被誉为"活化石""长寿树"。它是对节白蜡树种中最粗的一株。因两树合生，盘根错节，相互依偎，被当地人称为"夫妻树"。

80. 最美紫丁香

位于山西省沁水县中村镇下川村，树龄300年，胸（地）围2.57米，树高10米，为华北最大。紫丁香一般为大灌木或小乔木，花开时节，香气浓郁。紫丁香，系木樨科丁香属，为二级古树。

81. 最美流苏树

位于江苏省连云港市海州区朐阳街道朐阳村，树龄830年，胸（地）围1.5米。它树形高大，树叶茂盛。开花时节，满村飘香，花开状如华盖，绿白相间，香溢数里，叹为观止。

82. 最美桂花

位于福建省浦城县临江镇水东村，树龄约1100年，胸（地）围约4.43米。此树由基部分出九枝，枝枝饱满，年年开花，年产鲜花240千克，有"九龙桂"之美誉。被福建省绿委、原林业厅评为"福建桂花王"，已收入《中国桂花集成》。

83. 最美香果树

位于四川省大邑县西岭镇飞水村，树龄1000年，胸（地）围7.63米。树形古朴独特，树干上还生长着一些寄生植物，一直被当地人称为"丁木大仙"。开花时，洁白的花朵开满整个树冠，远看如一片祥云，花香沁人心扉，微风飘过，香气弥漫山谷。

84. 最美南紫薇

位于福建省将乐县万全乡陇源村，树龄1580年，胸（地）围7.66米，树高29米，平均冠幅21.3米，树干呈黄褐色，光滑无皮，粗壮挺拔，树根虬曲盘旋，被福建省绿委、原林业厅评为"福建南紫薇王"。

85. 最美川黔紫薇

位于贵州省铜仁市印江土家族苗族自治县永义乡永义村，树龄1300年，胸（地）围5.34米。根深蒂固，枝繁叶茂。1998年荣列贵州省古、大、珍、稀树名录，经专家鉴定，为当今世上最高、最大、树龄最长的紫薇，堪当国宝之誉。

附件三　全国"双百"古树名录

全国绿化委员会办公室2023年9月4日公布。

最美银杏

序号	名称	树龄（年）	位置
1	银杏	1310	北京门头沟区潭柘寺风景区
2	银杏	3700	山东日照市莒县浮来山街道浮来山风景区
3	银杏	2000	山东潍坊市安丘市石埠子镇孟家旺村
4	银杏	3000	湖北安陆市王义贞镇钱冲村
5	银杏	2500	湖南东安县南桥镇寺门马皇村
6	银杏	1600	湖南新化县大熊山国有林场大礼村
7	银杏	3000	贵州福泉市马场坪街道办事处鱼酉村
8	银杏	1900	四川成都市都江堰市青城山镇青城社区
9	银杏	3300	陕西汉中市留坝县石窑坝村
10	银杏	2000	甘肃陇南市徽县银杏树镇银杏村

最美松树

序号	名称	树龄（年）	位置
1	油松	1005	河北承德市丰宁县五道营乡四道营村
2	油松	1000	山西临汾市霍州市李曹镇七里峪村
3	白皮松	1000	山西临汾市霍州市李曹镇韩壁村
4	油松	935	内蒙古鄂尔多斯市准格尔旗纳日松镇松树焉村
5	油松（蟠龙松）	1300	辽宁鞍山市千山风景区仙人台国家森林公园
6	红松	600	黑龙江牡丹江市海林市大海林林业局雪乡国家森林公园

序号	名称	树龄（年）	位置
7	黄山松（迎客松）	1001	安徽黄山市黄山风景区玉屏管理区玉屏楼
8	黄山松（凤凰松）	1400	安徽池州市九华山风景区九华镇闵园社区
9	白皮松	1308	陕西宝鸡市陈仓区新街镇庙川村
10	白皮松	1200	甘肃麦积区党川镇夏家坪村旧庄里

最美侧柏

序号	名称	树龄（年）	位置
1	侧柏	3500	北京密云区新城子镇新城子村
2	侧柏	1500	河北保定市阜平县吴王口乡周家河村
3	侧柏	2650	山西晋中市介休市绵山镇西欢村
4	侧柏	3000	山西太原市晋源区晋祠镇晋祠博物馆
5	侧柏	3700	河南三门峡市渑池县南村乡西山底村
6	侧柏	4500	河南登封市嵩阳办事处嵩阳书院院内
7	侧柏（黄帝手植柏）	5000	陕西延安市黄陵县黄帝陵管理局
8	侧柏（仓颉手植柏）	5000	陕西渭南市白水县史官镇史官村仓颉庙
9	侧柏（洛南古柏）	5000	陕西商洛市洛南县古城镇页山村
10	侧柏	2600	甘肃天水市秦州区玉泉镇王家坪村南郭寺

最美柏木

序号	名称	树龄（年）	位置
1	柏木	819	浙江永嘉县巽宅镇麻庄村
2	柏木	1015	浙江台州市临海市江南街道办事处大麦坦村
3	柏木	1200	福建龙岩市长汀县汀州镇南门社区县博物馆

序号	名称	树龄（年）	位置
4	柏木	1200	江西宜春市丰城市董家镇老塘村净住寺
5	柏木	1710	江西南昌市新建区西山镇西山村居委会万寿宫
6	柏木	687	湖北英山县温泉镇柏树祠村
7	柏木	2300	四川绵阳市梓潼县演武镇东山村
8	柏木	515	贵州修文县阳明洞街道阳明村
9	岷江柏木	1100	甘肃舟曲县憨班镇憨班村
10	巨柏	3230	西藏林芝市朗县洞嘎镇滚村

最美杉木

序号	名称	树龄（年）	位置
1	杉木	500	安徽铜陵市义安区叶山林场
2	杉木	1140	福建宁德市蕉城区虎贝镇黄家村
3	杉木	1100	福建南平市政和县岭腰乡锦屏村
4	杉木	1013	福建龙岩市连城县曲溪乡罗胜村
5	杉木	650	江西抚州市广昌县尖峰乡沙背村胡家
6	杉木	500	湖北浠水县三角山管委会李宕村
7	杉木	1600	湖南城步苗族自治县长安营乡大寨村大定铺
8	杉木	1000	湖南炎陵县十都镇车溪村树山口
9	杉木	1010	广西金秀瑶族自治县六巷乡门头村门头屯夏铃岭
10	软叶杉木	980	云南大理州大理市银桥镇双阳村委会无为寺院前

最美樟木

序号	名称	树龄（年）	位置
1	香樟	1600	浙江丽水市莲都区路湾村
2	樟树	1020	安徽黄山市歙县深渡镇漳潭村
3	樟树	1317	福建泉州市德化县美湖镇小湖村
4	樟树	1014	福建三明市沙县区夏茂镇俞邦村
5	香樟	2000	江西吉安市安福县严田镇严田村老屋组
6	樟树	2200	湖南平江县三市镇天湖村
7	樟树	1107	湖南永兴县便江街道便江村
8	樟树	1205	广东云浮市郁南县桂圩镇桂圩村委会龙岗村
9	樟树	1300	广东韶关市乐昌市长来镇安口村委会贝兴村小组
10	樟树	1400	广西富川瑶族自治县朝东镇龙归村龙归屯

最美楠树

序号	名称	树龄（年）	位置
1	闽楠	550	福建宁德市蕉城区洋中镇溪旁村
2	闽楠	860	福建三明市永安市洪田镇生卿村
3	闽楠	1000	江西吉安市遂川县衙前镇溪口村茶盘洲
4	楠木	1200	湖北恩施州宣恩县长潭河侗族乡猫村子村
5	闽楠	508	湖南桑植县凉水口镇利溪坪村
6	闽楠	505	湖南永州市金洞管理区金洞镇小金洞村
7	闽楠	800	湖南通道县菁芜洲镇江口村
8	楠木	2007	四川泸州市叙永县分水镇路井村
9	楠木	1700	四川雅安市荥经县青龙镇柏香村
10	楠木	600	贵州开阳县冯三镇堕秧村

最美槐树

序号	名称	树龄（年）	位置
1	国槐	929	河北定州市北城区刀枪街文庙
2	国槐	2000	河北邯郸市涉县固新镇固新村
3	国机	1300	山西太原市小店区营盘街道狄村街81号
4	国槐	2840	山西晋中市灵石县南关镇西许村
5	国槐（项王手植槐）	2200	江苏宿迁市项里街道办项里社区
6	国槐（南柯一梦古槐树）	1300	江苏扬州市广陵区汶河街道驼岭巷13号
7	国槐	2300	陕西西安市临潼区骊山街道办胡王村胡王小学操场内
8	国槐	2000	陕西渭南市白水县林皋镇古槐村
9	国槐	1700	甘肃陇南市宕昌县两河口镇化马村
10	国槐	3200	甘肃平凉市崇信县锦屏镇关河村境内

最美槐树

序号	名称	树龄（年）	位置
1	榕树	1516	福建福州市闽侯县青口镇东台村
2	榕树	660	福建漳州市南靖县梅林镇官洋村
3	雅榕	1030	广东云浮市罗定市加益镇石头村河坝寨
4	榕树（鸟的天堂）	405	广东江门市新会区会城街道天马村
5	雅榕	1300	广西融水苗族自治县三防镇三防社区居委会
6	小叶榕	1505	广西阳朔县高田镇凤楼村大榕树景区
7	黄葛树	1418	四川资阳市乐至县龙门镇报国村报国寺
8	黄葛树	2232	四川德阳市旌阳区黄许镇仙桥村
9	高山榕	1000	云南西双版纳州勐海县打洛镇打洛村独树成林公园
10	高山榕（树包塔）	370	云南普洱市景谷县威远镇威远街村勐卧总佛寺

最美榆树

序号	名称	树龄（年）	位置
1	白榆	650	河北张家口样田乡上马山村
2	榆树	560	内蒙古通辽市开鲁县大榆树镇榆树村
3	榆树	560	内蒙古赤峰市喀旗美林镇旺业甸村
4	榆树（瓦窑古榆）	800	辽宁抚顺市清原县清原镇瓦窑村
5	榆树（马圈子林场大榆树）	500	辽宁抚顺市抚顺县马圈子乡马圈子村
6	榆树	750	吉林白城市通榆县瞻榆镇卫国村大榆树风景区
7	榆树	355	黑龙江大庆市肇源县和平乡和平村
8	红果榆	600	安徽池州市青阳县朱备镇东桥村
9	榔榆	1700	陕西永寿县甘井镇北五星村
10	白榆	185	新疆昌吉州阜康市天池景区船坞

100个最美古树群

序号	名称	规模（株）	平均树龄（年）	位置
1	北京中轴线古树群	6602	260	北京东城区、西城区中轴线申遗范围内
2	北京大学古树群	538	200	北京海淀区燕园街道北京大学
3	明十三陵古树群	4396	260	
4	上方山古树群	1154	110	北京房山区上方山国家森林公园
5	赵县古梨树群	3090	175	河北石家庄市赵县范庄镇南庄村
6	伍烈霍古梨树群	600	160	河北宁晋县苏家庄镇伍烈霍村
7	大滩林场云杉古树群	25000	280	河北承德市丰宁满族自治县大滩林场干松坝景区

序号	名称	规模（株）	平均树龄（年）	位置
8	清西陵古树群	13	300	河北保定市易县清西陵
9	稷山板枣古树群	17500	1500	山西运城市稷山县 峰镇陶梁村
10	镇海寺油松古树群	0	300	山西五台山风景区台怀镇台怀村镇海寺
11	交城县卦山侧柏古树群	20000	100	山西吕梁市交城县天宁镇卦山风景区
12	古杏树群	62	212	内蒙古呼和浩特市回民区攸攸板镇东乌素图村
13	胡杨古树群	28064	186	内蒙古阿拉善盟额济纳旗达来呼布镇胡杨林景区
14	福陵古松群	595	300	
15	栗子园古树群	119	150	辽宁辽阳市辽阳县寒岭镇栗子园村
16	鹅耳枥古树群	66	200	辽宁丹东市东港市大孤山镇大孤山国家森林公园
17	露水河红松古树群	1474	300	吉林白山市抚松县露水河林业局东升林场
18	二道白河镇美人松古树群	2000	198	吉林安图县二道白河镇
19	宁安市渤海上京龙泉府遗址古树群	245	110	黑龙江牡丹江市宁安市渤海镇渤海村
20	高峰国家森林公园古树群	1013	120	黑河市嫩江市高峰林场
21	宋庆龄故居香樟古树群	34	100	上海徐汇区天平路街道宋庆龄故居
22	中山陵园风景区古树群	1320	150	江苏中山陵、明孝陵
23	泰兴银杏群	400	170	江苏泰兴市宣堡镇古银杏公园

序号	名称	规模（株）	平均树龄（年）	位置
24	梅花古树群	106	105	江苏南京明孝陵梅花山
25	泰顺檵木古树群	172	204	浙江泰顺县岭北乡村尾村
26	绍兴会稽山古香榧群	147	570	浙江绍兴市柯桥区稽东镇占岙村
27	绍兴大香林古桂花群	366	200	浙江绍兴市柯桥区湖塘街道岭下村
28	宁波茅镬古树公园	90	470	浙江宁波市海曙区章水镇茅镬村
29	临安天目山古柳杉群	2032	500	浙江杭州市临安区天目山自然保护区禅源寺
30	六安桐源栓皮栎古树群	226	360	安徽六安市金寨县长岭乡界岭村
31	淮北明清石榴园古树群	350	280	安徽淮北市烈山区烈山镇榴园社区
32	安庆冶溪枫杨古树群	41	150	安徽安庆市岳西县冶溪镇联庆村河堤
33	云霄格木古树群	179	750	福建漳州市云霄县火田镇高田村
34	传胪黄连木古树群	112	478	福建霞浦县长春镇传胪村
35	屏南上楼水松古树群	63	0	福建屏南县岭下乡上楼村
36	建阳闽楠古树群	890	800	福建南平市建阳区麻沙镇水南村
37	古田镇南方红豆杉古树群	300	1100	福建龙岩市上杭县古田镇马坊村
38	连城福建柏古树群	105	550	福建连城县姑田镇上余村
39	古田会址长苞铁杉古树群	81	760	福建龙岩市上杭县古田镇五龙村（古田会址）
40	建瓯万木林沉水樟古树群	2550	670	福建建瓯市房道镇漈村万木林省级自然保护区
41	遂川县古楠木群（茶盘洲）	53	281	江西遂川县衙前镇溪口村茶盘洲

序号	名称	规模（株）	平均树龄（年）	位置
42	遂川县古楠木群（凤形水口）	63	268	江西遂川县新汇乡石杭村凤形水口
43	乐安县古樟树群	266	2	江西乐安县牛田镇水南村
44	青檀寺古树群	36	700	山东枣庄市峄城区榴园镇王府山村
45	刘墉古板栗生态园	1909	0	山东潍坊市诸城市昌城镇芦河村
46	"生生园"古树群	360	300	山东临沂市兰山区葛家王平社区
47	曲阜三孔世界文化遗产古树群	11127	236	山东济宁市曲阜市鲁城街道曲阜三孔世界文化遗产三孔景区
48	板栗群	830	560	河南驻马店市确山县石滚河镇何大庙村
49	太昊陵古侧柏群	133	400	河南周口市淮阳区太昊陵景区
50	新县韩山古树群	1287	420	河南信阳市新县香山湖管理区水塝村
51	伊尹祠古柏群	183	1400	河南商丘市虞城县店集乡魏固堆村
52	三苏园古树群	588	500	河南平顶山市郏县茨芭镇苏坟寺村
53	中岳庙古侧柏群	330	850	河南登封市中岳办事处中岳庙
54	咸安古桂花群落	576	130	湖北咸宁市咸安区桂花镇柏墩村
55	利川古水杉群落	5617	200	湖北利川市忠路、佛宝山、谋道镇
56	罗田古柿群落	7	200	湖北黄冈市罗田县三里畈镇錾子石村
57	安陆古银杏群落	564	368	湖北安陆市王义贞镇钱冲村
58	资兴古树群	40	304	湖南资兴市兴宁镇十龙潭村司马垅组

序号	名称	规模（株）	平均树龄（年）	位置
59	双牌县茶林镇桐子坳古银杏群	102	292	湖南永州市双牌县茶林镇桐子坳村
60	岳麓山古枫香群	274	140	湖南湘江新区岳麓街道岳麓山景区
61	源头山长苞铁杉古树群	38	500	湖南邵阳绥宁县寨市苗族侗族乡铁杉林村
62	邵阳古树群	187	318	湖南邵阳市隆回县虎形山瑶族乡崇木凼村对歌台
63	桂阳红豆杉古树群	100	600	湖南郴州市桂阳县荷叶镇水源村
64	唐家湾镇荔枝古树群	451	114	广东珠海市珠海高新区唐家湾镇唐乐社区
65	罗源石寨人面子古树群	118	140	广东肇庆市四会市罗源镇石寨村
66	坝光银叶古树群	33	200	广东深圳市大鹏新区葵涌办事处坝光银叶树湿地公园
67	根子镇古树群	92	370	广东茂名市高州市根子镇柏桥村委会
68	大王山森林公园古树群	500	110	广东东莞市清溪镇三中村委会大王山森林公园
69	灵川县海洋乡大桐木湾银杏古树	150	260	广西灵川县海洋乡大庙塘村大桐木湾屯
70	富川楠木古树群	38	175	广西富川瑶族自治县朝东镇蚌贝村白面寨
71	龙血树古树群	150	5	海南三亚市崖州区大小洞天旅游区
72	老鹰茶古树群	3	300	重庆巫溪县蒲莲镇兴鹿村
73	荣昌黄葛树古树群	14	3	重庆荣昌区昌元街道玉屏社区

序号	名称	规模（株）	平均树龄（年）	位置
74	绵阳药王谷辛夷花古树群	63	240	四川绵阳市北川羌族自治县桂溪镇辛夷村
75	乐山峨眉山楠木古树群	220	480	四川乐山市峨眉山市黄湾镇仙山村
76	蜀道翠云廊	2	662	四川广元市剑阁县和绵阳市梓潼县
77	成都杜甫草堂古树群	98	230	四川成都草堂街道杜甫草堂博物馆
78	楠木古树群	101	150	贵州黔东南州丹寨县兴仁镇岩英村
79	云南铁杉	552	436	云南兰坪县河西乡玉狮村热来二组
80	秃杉古树群	850	356	云南贡山县丙中洛镇甲生村尼娃洛水坝附近
81	弥苴河古树群	3177	245	云南洱源县右所和邓川镇中所、右所、陈官、幸福村民委员会、腾龙村民委员
82	朱苦拉古咖啡林	1134	100	云南宾川日村
83	江孜沙棘古树群	12000	200	西藏山南市错那县曲卓木乡洞嘎村
84	不丹松古树群	100	200	西藏林芝市墨脱县背崩乡格林村
85	核桃古树群	1787	565	西藏林芝市朗县朗镇巴热村
86	巨柏古树群	154	1880	西藏林芝市巴宜区八一镇巴吉村
87	黄帝陵侧柏古树群	80000	900	陕西延安市黄陵县黄帝陵管理局
88	药王山侧柏古树群	19620	245	陕西铜川市耀州区药王山管理处
89	仓颉庙古柏群	48	3000	陕西渭南市白水县史官镇史官村仓颉庙

序号	名称	规模（株）	平均树龄（年）	位置
90	巴山冷杉古树群	390812	123	陕西商洛市柞水县营盘镇朱家湾村
91	黑壳楠古树群	43	120	陕西汉中市西乡县堰口镇蒋家坝村
92	柳湖公园"左公柳"古树群	146	156	甘肃平凉市崆峒区柳湖公园
93	多村大果圆柏古树群	40	450	甘肃碌曲县双岔镇多松多村口
94	皋兰什川古梨树群	9423	280	村、长坡村、上车村
95	迭部县益哇沟口至白云小叶杨古树群	800	300	甘肃部县益哇沟口至白云村的白龙江沿岸
96	德令哈古柏群	20000	800	青海海西蒙古族藏族自治州德令哈市
97	贵德秋子梨古树群	20	150	青海海南藏族自治州贵德县
98	海北祁连圆柏古树群	200	240	青海海北藏族自治州祁连县
99	灵武长枣古树群	17950	120	宁夏银川市灵武市东塔镇果园村和园艺村枣博园
100	天山神木园古树群	289	145	新疆温宿县吐木秀克镇协合力村

附件四 陕西省林业科学院古树名木保护研究创新团队简介

　　陕西省林业科学院古树名木保护研究创新团是为落实新时代生态文明思想、推进生态空间治理、科学系统保护古树名木而成立的创新研究团队，团队有各类专业研究人才18人，在国内古树名木保护研究领域有较强的影响力。团队围绕古树名木的科学保护与高质量管理，已设立10个专业研究方向，在古树年龄鉴定、健康诊断、伤病修复、救护复壮、修复材料、保护性移植、标准综合体制定、有害生物防控以及古树资源调查、古树名木重大价值挖掘与利用、保护方案编制、档案管理等方面开展了系统研究与探索。目前已受理发明专利2项、实用新型专利6项、计算机软件著作6项，编著完成国内第一部系统、全面、实用的古树保护工具书《古树名木保护与管理》。团队在古树无创伤年龄鉴定、修复材料开发、死亡古树躯干神韵长期保存、古树损伤抗菌防水抗风化防腐修复等研究方向取得突破性进展。研制的古树填充材料和修复防腐材料在古树救护修复中应用效果良好。团队承担完成了洛南5000年古柏"一树一策"保护方案的编制工作，受邀在北京等全国12个省（自治区、直辖市）完成濒危古树健康诊断496株、编制救护施工方案16个、指导救护复壮施工66株。

　　技术咨询服务联系电话：廖正平（团队首席专家）13709159630

附件五 | 中国树木医生部分单位简介

1．陕西久荣古树名木保护有限公司

机构代码：91610132MABP0MD88M

联络人：司国臣

手机：18502937773

Email：418069213@qq.com

陕西久荣古树名木保护有限公司是专业从事古树保护技术研究、产品研发及工程施工的企业，团队有专业技术人员近20人，参与各类知识产权项目近10项，已在西北、华北、西南等地区承接数十个古树救护复壮项目。

2．广东飘之绿名木古树保护有限公司

机构代码：91440101327613167J

联络人：刘兵

手机：19922964835

Email：197616023@qq.com

广东飘之绿名木古树保护有限公司是专业从事古树名木保护的国家高新技术企业，专注古树保护技术研究与产品研发工作，拥有古树保护专利46项，目前已在全国17个省（自治区、直辖市）承接了古树救护复壮业务。

3．北京蓟城山水投资管理集团有限公司

工商注册号：110102026483710

统一社会信用代码：91110102MA01GGYX5D

法定代表人：高俊宏

组织机构代码：MA01GGYX-5

电话：010-52684005

北京蓟城山水投资管理集团有限公司前身为北京市西城区园林市政管理中心，2020年10月16日转制为北京市西城区区属国有企业，集团公司现有下属公司21家，以城市基础设施运营服务、园林市政工程建设、静态交通管理服务、城市生态科技服务、文创资产旅游服务、古树名木保护、医疗健康管理服务为核心业务。集团拥有"双一级"园林市政资质，EPC总承包初具规模，在园林市政项目上集规划设计、施工、采购、管理运维于一体，大力推进"规建管"一体化管理。

4. 岚皋久木古树保护工程有限公司

机构代码：91610925MAB30PNK84

联络人：陈勇

手机：19894864987

Email：tongnana8888@163.com

岚皋久木古树保护工程有限公司是一家专业从事古树名木资源调查、健康诊断、伤病修复、救护复壮及材料开发的专业科技公司，技术力量雄厚，设备先进，施工专业，专注于古树名木的保护工作，致力于为古树名木打造个性化的保护方案，在全国十余个省（自治区、直辖市）承担了古树救护复壮业务。

参考
文献

白凯, 王馨. 《旅游资源分类调查与评价》国家标准的更新审视与研究展望[J]. 自然资源学报, 2020. 7.

蔡亚军, 张翠芳. 北京地区国槐行道树的养护与管理[J]. 农业科学, 2018(01): 99-102.

陈瑞, 许伟强. 皂荚繁育和病虫害防治技术[J]. 农家致富顾问, 2019(6): 12-14.

崔贝. 秦岭北桑寄生危害及花芽分化研究[D]. 中国林业科学研究院, 2014.

崔贝. 秦岭北桑寄生危害及花芽分化研究[D]. 中国林业科学研究院, 2014.

崔洪平. 松树常见病虫害症状及防治措施[J]. 世界热带农业信息, 2022(12): 73-74.

崔维. 三门峡地区国槐锈色粒肩天牛发生危害及化学防治技术研究[J]. 陕西农业科学, 2019(7): 83-86.

杜奇, 臧明杰, 周虎, 等. 南召县皂荚病虫害调查与防治[J]. 河南林业科技, 2021(02): 42-43.

付炳鑫. 古树名木园林价值评价研究[D]. 福建农林大学, 2019.

付永玲. 油松常见病虫害防治措施[J]. 林业科技情报, 2023(01): 78-81.

甘钰年. 文冠果栽培与病虫害防治技术分析[J]. 绿色科技, 2019(17): 140-141.

高持霞. 国槐常见病虫害及防治技术[J]. 农村实用技术, 2021(11): 67-68.

高峰. 银杏树病虫害及其防治措施[J]. 天津科技, 2023(01): 45-47.

郜旭芳, 张新权. 古树名木病虫害综合防控技术[J]. 绿色科技, 2018(17):36-37, 39.

郜旭芳, 张新权. 古树名木病虫害综合防控技术[J]. 绿色科技, 2018(17):36-37+39.

何莉莎. 香樟常见病虫害类型及防治技术[J]. 农家科技, 2020(4): 77.

孔雪华. 文冠果的病虫害防治[J]. 特种经济动植物, 2015(4): 52-54.

李国双. 文冠果的病虫害防治技术[J]. 绿色科技, 2018(23): 88-89.

李其圆, 贾继安. 侧柏病虫害防治关键技术[J]. 热带农业信息, 2023(06): 87-89.

李巧芹, 李忠红. 延安地区文冠果苗期主要病虫害的发生与防治对策[J]. 陕西林业科技, 2011(6): 19-21.

李全民. 油松的生长习性及主要病虫害防治分析[J]. 农家参谋, 2021(20): 169-170.

李世昌, 王雪洁. 松树主要病虫害防治技术[J]. 农业与技术, 2016(12): 199.

梁佳灵. 松树育苗造林技术及病虫害防治工作分析[J]. 农家参谋, 2020(16): 123.

刘洪臣. 油松种植技术及主要病虫害的防治对策探索[J]. 农村实用技术, 2021(11): 63-64, 68.

刘利恒. 辽宁建平地区文冠果病虫害的发生特点及防治技术[J]. 现代农业科技, 2019(1): 113, 115.

刘鹏. 我国古树名木保护法律制度研究[D]. 湖南师范大学, 2011.

刘友多. 福建省古树名木的多样性与旅游开发研究[J]. 防护林科技, 2021.

吕高阳. 对国槐育苗技术及病虫害防治策略的研究[J]. 花卉, 2021(24): 180-181.

马伟国. 文冠果栽培与病虫害防治对策分析[J]. 农家科技(上旬刊), 2018(8): 37.

毛佛有. 松树主要病虫害防治技术[J]. 农业技术与装备, 2023(01): 105-107.

孟鑫, 党政武, 屈顶柱, 等. 商洛市油松病虫害种类和发生特点调查初报[J]. 陕西林业科技, 2020(05): 29-32.

彭莉霞, 曾巧如, 石茗馨. 广州市寄生植物及其对园林植物的危害初探

[J]. 广东林业科技, 2009, 25(06):89-94.

彭莉霞, 曾巧如, 石茗馨. 广州市寄生植物及其对园林植物的危害初探[J]. 广东林业科技, 2009, 25(06):89-94.

全国绿化委员会办公室. 全国古树名木资源普查结果报告[R], 2021. 10

宋丽娟, 岳继贞. 银杏常见病虫害综合防治技术[J]. 现代农村科技, 2017(8): 25-26.

宋如英. 国槐主要病虫害的发生规律与防治要点探讨[J]. 现代园艺, 2021(08): 40-41.

苏燕苑. 林业病虫害防治意义及松材线虫病综合防治技术探讨[J]. 现代农业研究, 2020, 49(1): 124-125.

唐源泉. 古树名木保护在生态文化建设中的作用[J]. 现代农业科技, 2020. 6.

汪全兵. 浅析香樟病虫害综合防治措施[J]. 南方农业, 2022(6): 26-28.

王国辉. 优系文冠果丰产营林技术应用探讨[J]. 现代农业科技, 2021(4): 128, 135.

王花蕾. 文冠果栽培与病虫害防治[J]. 绿色科技, 2014(1): 97-98.

王佳建, 韩冰, 葛迎春. 松树种植及病虫害防治技术[J]. 现代农村科技, 2020(10): 48-49.

王敬贤, 王建军. 油松病虫害发生特征及防治研究[J]. 辽宁林业科技, 2021(01): 38-44.

王军. 安康市香樟树主要病虫害及其防治方法[J]. 南方农业, 2022(12): 32-34.

王利君, 樊翠. 侧柏几种常见病虫害的发生及防治技术[J]. 吉林农业, 2014(03): 51.

王少雄. 昆山地区香樟主要病虫害及综合防治技术初探[J]. 农业灾害研究, 2019(6): 12-13.

王扬. 文冠果栽培与病虫害防治技术分析[J]. 新农民, 2021(11): 89.

王永辉. 由《易·旅》浅议我国古代商旅[J], 成都教育学院学报, 2006.

王中林. 松树病虫害的发生规律与绿色防控技术[J]. 科学种养, 2020(04): 39-42.

王忠芹. 文冠果的栽植技术与病虫害的防治[J]. 农民致富之友, 2018(22): 79.

吴伯军, 乔秀荣. 油松主要病虫害发生与防治措施[J]. 河北林业科技, 2019(03): 69-70.

吴殿廷. 中国地学通鉴:旅游卷[M], 西安:陕西师范大学出版总社有限公司, 2018. 6.

吴良军. 古银杏树常见病虫害防治技术分析[J]. 植物医生, 2018(09): 34-35.

习近平. 高举中国特色社会主义伟大旗帜　为全面建设社会主义现代化国家而团结奋斗——在中国共产党第二十次全国代表大会上的报告[N]. 人民日报, 2022-10-26.

向见, 何博, 柏玉平. 古树树洞修复技术探讨[J]. 现代农业科技, 2015(24):160, 171.

向见, 何博, 柏玉平. 古树树洞修复技术探讨[J]. 现代农业科技, 2015(24):160, 171.

谢一欣, 杨冰. 油松主要病虫害发生特点及防治技术[J]. 种子科技, 2021(17): 93-94.

徐华. 国槐的主要病虫害种类及其综合防治措施[J]. 种子科技, 2019(06): 120.

薛秦霞, 王小凤, 王奎萍, 等. 扬州市扬子江路绿化苗木病虫害调查及综合防治[J]. 扬州职业大学学报, 2021(1): 40-42.

闫国艳. 油松苗期主要病虫害的发生及防治[J]. 农家参谋, 2022(14): 117-119.

杨丛, 钟文干, 贤海华, 等. 一棵树富了一个村——云南"银杏第一村"是如何发展特色乡村旅游的[J]. 广西经济, 2013. 7.

杨国义. 文冠果主要病虫害类型及防治技术研究[J]. 园艺与种苗, 2022(02): 37-39.

姚方, 吴国新, 任叔辉, 等. 皂荚主要病虫害及综合防治[J]. 绿色科技, 2013(08): 172-174.

尹旭. 国槐的移植技术及病虫害防治[J]. 花卉, 2020(18): 265-266.

于兰忱. 松材线虫病的危害与综合防治对策研究[J]. 农业开发与装备, 2020(7): 233.

禹宁暄, 路征, 付强. 国槐主要病虫害综合防治技术探析[J]. 现代园艺, 2019(10): 16-17.

曾菲. 国槐主要病虫害发生规律与防治要点[J]. 乡村科技, 2022(04): 92-94.

张清丽, 李本鑫. 树木腐烂病的发生与防治[J]. 农业与技术, 2003(03):93-94.

张清丽, 李本鑫. 树木腐烂病的发生与防治[J]. 农业与技术, 2003(03):93-94.

张小虎. 侧柏常见病虫害及防治技术探析[J]. 种子科技, 2022(15): 94-96.

张彦玲, 郭青, 李路文, 等. 银杏树常见病虫害及生物防治技术[J]. 农业科技通讯, 2015(12): 291-293.

赵敏. 云杉矮槲寄生生防微生物的筛选[D]. 北京林业大学, 2016.

赵晓姝. 文冠果栽培技术与病虫害防治探究[J]. 种子科技, 2019(1): 64, 67.

赵晓育. 槐树主要病虫害及其防治策略研究[J]. 种子科技, 2020 (15): 86.

赵忠. 古树保护理论与技术[M]. 北京: 科学出版社, 2021. 6.

郑朝贵. 旅游地理学[M]. 安徽:安徽大学出版社, 2009. 1.

郑冬华, 吴小龙, 吴艳, 等. 江西省古树名木主要病虫害类型及防治对策[J]. 乡村科技, 2021, 12(28):88-90.

郑冬华, 吴小龙, 吴艳, 等. 江西省古树名木主要病虫害类型及防治对策[J]. 乡村科技, 2021, 12(28):88-90.

中华人民共和国文化和旅游部2021年文化和旅游发展统计公报[EB/OL]. https://zwgk. mct. gov. cn/zfxxgkml/tjxx/202206/t20220629_934328. html, 2022. 6.

周虎, 刘云鹏, 徐福元. 古树名木腐朽中空原因分析及修复技术探讨[J]. 江苏林业科技, 2013, 40(02):36-38.

周虎, 刘云鹏, 徐福元. 古树名木腐朽中空原因分析及修复技术探讨[J]. 江苏林业科技, 2013, 40(02):36-38.

周佳文. 香樟树的病虫害防治技术[J]. 农村科学实验, 2021(17): 105-106.